Science Hacks

100 clever ways to help you understand and remember the most important theories

Colin Barras

[英] 科林·巴拉斯 著　朱华雪 译

以极聪明的方式，让你三步读懂科学

2页纸图解科学

北京联合出版公司
Beijing United Publishing Co.,Ltd.

目录

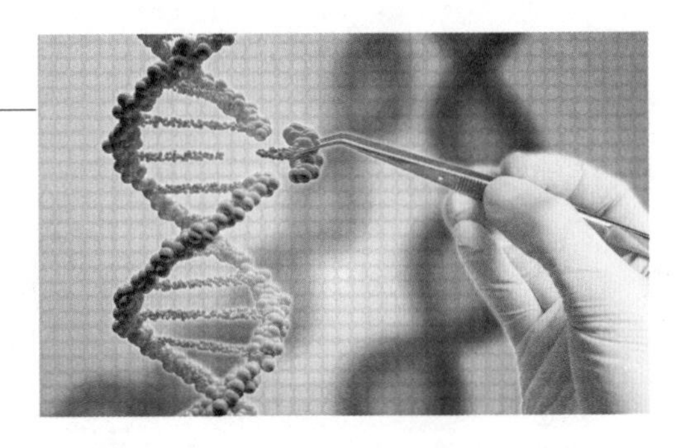

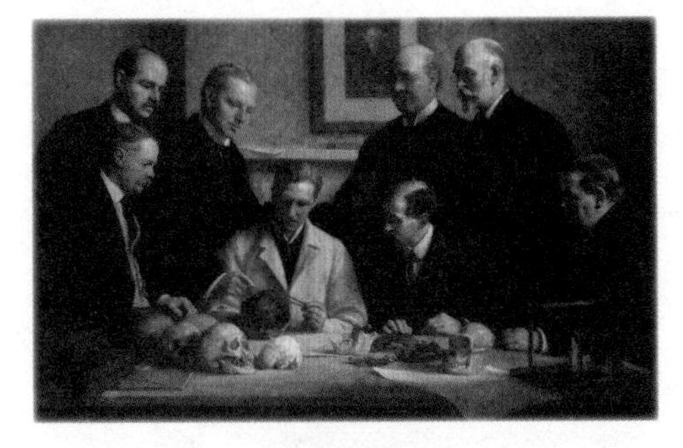

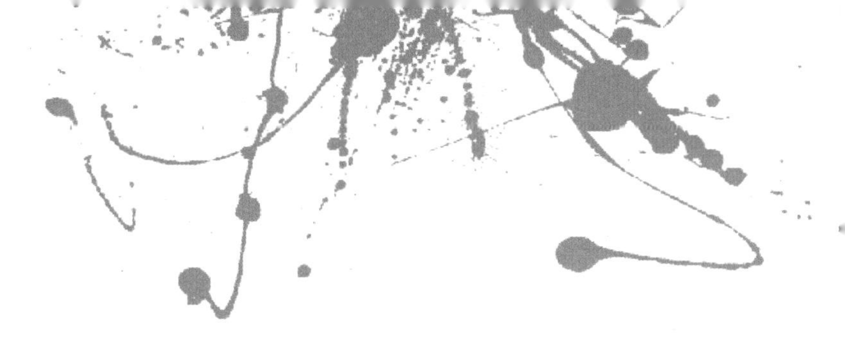

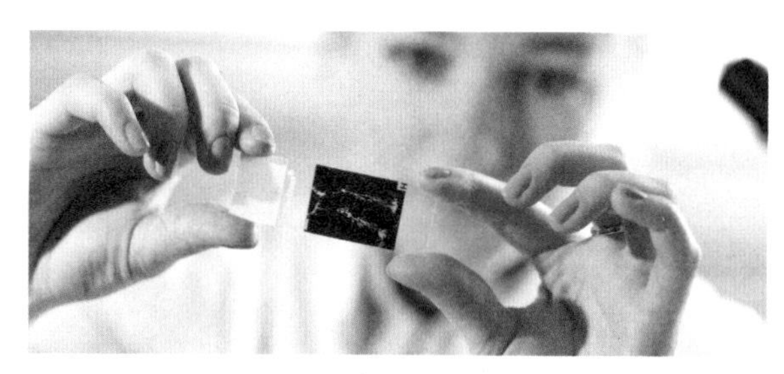

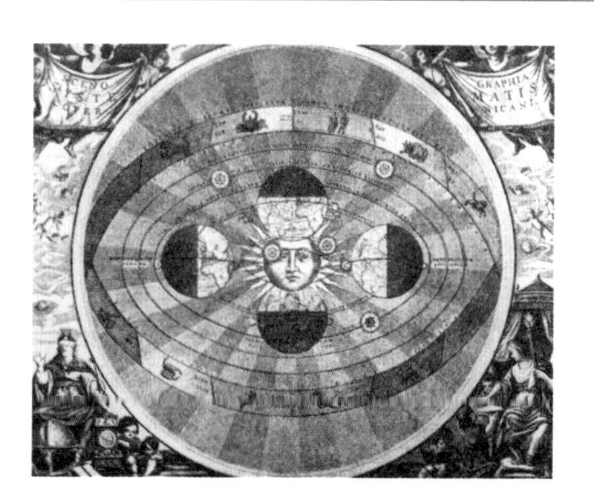

前言

对北美的一部分学生而言，第一堂地质学课关于扑克；对另外一部分学生来说，第一堂地质学课聚焦于珍珠；而我的英国地质学老师则选择从骆驼谈起。以上三种情形中的老师们都有一个共同的想法：确保学生们能记住五亿多年以来主要的地质类别，如寒武纪、奥陶纪、志留纪等等。尽管授课的细节千差万别，但在授课方法上老师们一致选择了助记术这一手段：

“哪天你过来，我们或许可以一起打扑克。三个 J 可以带一个 Q。”

“冷水牡蛎几乎不产出稀有珍珠，因为它们的汁液凝固得太快了。”

在英国，地质划分有些许的区别。他们的助记术是这样的：“通常骆驼会小心翼翼地坐下，也许是因为它们的关节很脆弱？早期进行润滑或许能避免永久性的风湿病。”

科学总是充满了这样的表达：有辅助记忆太阳系各大行星次序的助记术，有辅助记忆化学元素周期表的助记术，还有辅助记忆用于生物体分类的分类地位的助记术。然而，这些并不是科学家甚至理科生用来记忆关键信息唯一的微型利器。如果要记住一条科学理论或定律，那么将之浓缩成简明扼要的一句话是最有效率的方法之一。

《物种起源》于 1859 年出版后的短短几年间，查尔斯·达尔文的自然选择进化论就被浓缩成一句简单的表达：适者生存。

热力学第一定律和第二定律的明确提出则是 19 世纪中期科学界的另一个伟大成就。如今，许多物理学家和非物理学家将这两条定律概括为一句令人难忘的妙语：你不可能赢，也不可能不赔不赚。

不过，把一条核心的科学概念的内容缩减太多会招来麻烦。有一些人指责“适者生存”犯了同义反复的毛病（他们认为它应该被改写为：“活下来才能生存。”）；而这句概括热力学第一定律和第二定律的话虽然很简单，但对于任何一个不知道这两条定律的人来说，意思是相当隐晦的。在本书中，我会努力在上述两种学习方法之间取得平衡。接下来提供的方法也许不会像上面提到的那些著名例子那么精辟绝妙，令人过目不忘，但我希望这些助记法会更有用一点——特别是对于那些想要找到一条捷径去弄懂某些最具挑战性的科学概念的人而言。

进化论 No.1

自然选择进化论

为什么达尔文如此重要

查尔斯·达尔文（1809—1882）

1. 多维度看全

大多数人都听说过查尔斯·达尔文。在 19 世纪 30 年代，达尔文随英国皇家军舰“小猎犬”号造访过一些异域岛屿。通过大量的研究观测，达尔文发现自然界中存在变异性，以及生物个体为了生存而艰难抗争。

返回英国几年之后，达尔文读了经济学家托马斯·马尔萨斯的一篇论文，该文描绘了一幅黯淡的人类前景：随着每一代人的消逝，人口数量会成倍增加，但粮食产量不能相应增加，导致许多人会遭受饥荒——引发新一轮生存抗争。

达尔文猜想，一场马尔萨斯式的奋力抗争可能一直都在自然界中上演——这种抗争可以形成某种机制的基础，而正是通过这种机制，新的物种才得以进化形成。

达尔文并没有着急发表这一理论，这或许让人有些吃惊。他和朋友们一起讨论了这个想法，朋友们觉得还可以找更多的支持证据来加强论证。达尔文接受了建议，并耗费数年时间来研究物种以搜集所需要的论据。

后来，在 19 世纪 50 年代，达尔文得到消息，在印度尼西亚工作的一位科学家也在致力于这项研究。在互不知情的情况下，阿尔弗雷德·拉塞尔·华莱士也在同一时间集中精力就进化过程研究一个与达尔文的极其相似的理论。1858 年，伦敦的一家科学协会同时收到了达尔文和华莱士阐释这一新理论的信件。第二年，达尔文出版了一本长篇巨著，详述了自然选择驱动下的进化论的论据。从此，《物种起源》便成了家喻户晓之作，同时也令达尔文声名远扬。

乘坐“小猎犬”号进行的游历和阅读马尔萨斯的作品都对达尔文产生了影响。

2. 关键点梳理

达尔文意识到，生物体通常会产下大量的后代。在这些后代中，存在着变异性。例如，某些后代也许会拥有稍微长一点的四肢或者看得更清楚一点的眼睛。大多数个体为了生存会奋力拼搏，但也有一小部分幸运儿会获得一些使之更容易生存下来的特征。于是，这一群体兴旺并繁衍起来，也就是说，它们将被自然所选择。达尔文假设，这些个体的后代将会把一部分有用的特征传承下来，随着时间的流逝，这些特征在这一种群中会越来越普遍。渐渐地，这个种群将会进化成具有新特征的一个新物种。

参考阅读 //
No. 2 协同进化论，第 8 页
No. 5 现代综合进化论，第 14 页

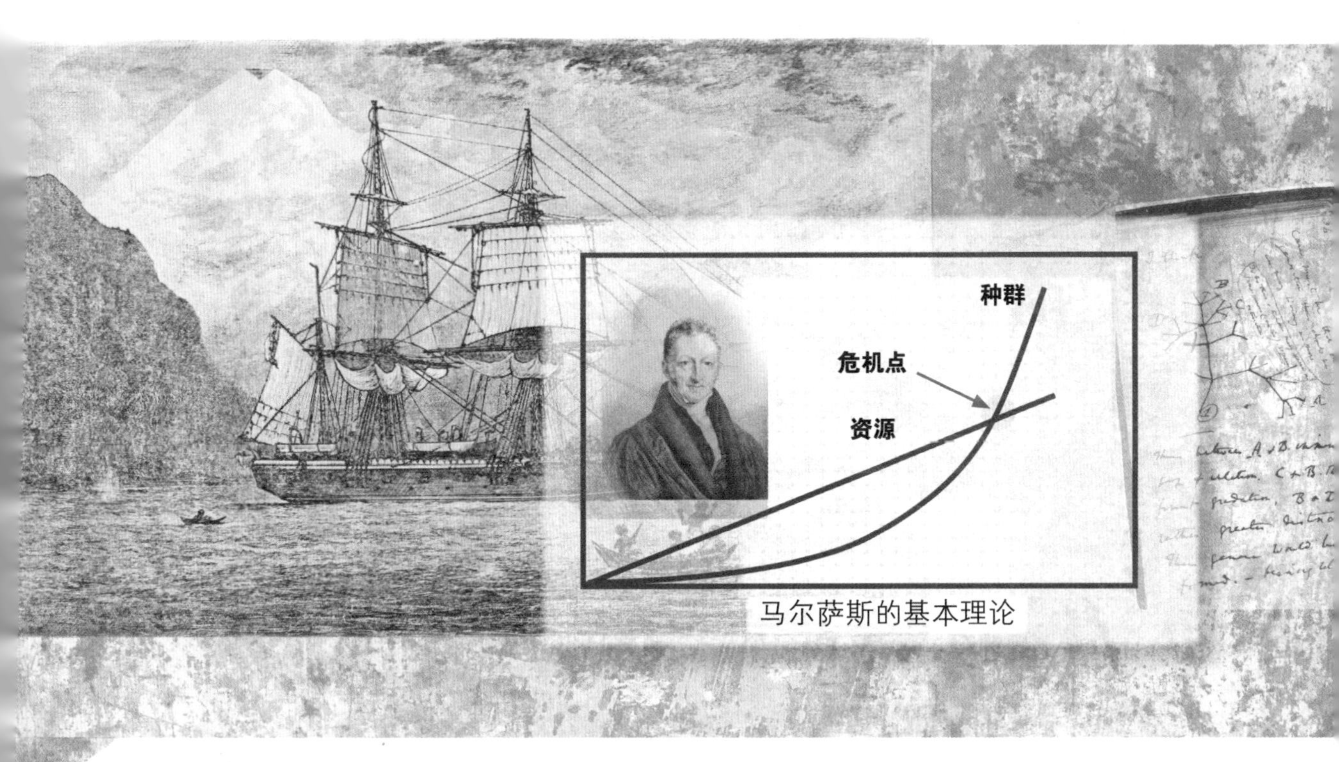

马尔萨斯的基本理论

3. 一分钟记忆

一些个体天生能比其他个体更好地适应环境，因而更有可能生存和繁衍下来。

因此，这些个体对其血统的进化轨迹的影响更大。

No.2

加斯顿·德·萨波塔（1823—1895）

协同进化论

达尔文惊人的预测能力

1. 多维度看全

《物种起源》出版后，查尔斯·达尔文因进化论而闻名。不过，他在专业知识方面——包括在对兰花的生物学研究上——同样享有盛誉。

1862 年，一个花农给达尔文寄来了一件样品——一株罕见的来自马达加斯加的兰花。这株兰花的花距长 25 厘米，其花蜜存于花距底部。达尔文预测，在马达加斯加一定有一种喙长达 25 厘米的昆虫。他的预测是有着理论基础的：如果存在两种以上的物种，物种之间会相互影响彼此的进化或协同进化——尽管“协同进化”（coevolution）这个词直到 20 世纪 60 年代才被创造出来。达尔文或许从未使用过这个词，但他非常清楚协同进化论在自然界中所扮演的重要角色。

一个著名的例子是开花植物的最初出现。在达尔文所在的时代，化石记录表明了植物进化出开花的功能在地质学上相当于眨一下眼睛。这个现象让达尔文感到困惑——他曾坚定地认为，物种的进化进程是非常缓慢的。加斯顿·德·萨波塔认为，如今被科学家们命名为协同进化的理论或许能解开这个谜团。也许是因为和授粉昆虫协同进化，通常情况下缓慢的进化过程加快了，所以开花植物才如此之快地进化出来。达尔文认为德·萨波塔的理论“妙极了”（虽然科学家们现在认为这个理论有可能是错误的，特别是因为自达尔文时代以来发现的化石都表明开花植物的进化要比曾经认为的更加缓慢）。

那么，达尔文（预测）的马达加斯加长口器昆虫到底是什么情况呢？这个猜想在他去世约 20 年后被证实了——生物学家发现了一种长着超长口器的马达加斯加飞蛾。1992 年，科学家们确认了这种飞蛾确实是以那种罕见兰花的花蜜为食。

摩根的斯芬克斯飞蛾使用它长得出人意料的喙来采食引人注目的马达加斯加兰花。

2. 关键点梳理

达尔文提出，某些开花植物已经和某些种类的昆虫达成了“进化协议”。花朵分泌出香甜的花蜜为昆虫提供营养，与此同时，昆虫在啜饮花蜜的时候（不经意地）在各个花朵之间传播花粉，帮助植物互相授粉，由此孕育出可以生根发芽的植物种子。如果一种植物进化出了采蜜有困难的花朵，就可以推测一定有一种昆虫进化出了可以用来采食该植物花蜜的口器。

参考阅读 //
No. 8 红皇后假说，第20页

3. 一分钟记忆

从生物学上来说，物种并不是在真空中进化的；一个物种的进化路径会受到其所处环境的影响。

这就意味着在同一环境中的两个或以上的物种可能最终会影响彼此的进化。

No.3

让 - 巴蒂斯特 · 拉马克（1744—1829）

拉马克氏的遗传学说

一个尚有价值的进化论观点

1. 多维度看全

查尔斯 · 达尔文并不是第一个思考进化的科学家。在更早研究进化的那些科学家之中，有一个人尤为引人瞩目——让 - 巴蒂斯特 · 拉马克。早在 19 世纪初期，拉马克就提出了一个复杂而详尽的进化论框架，其中就包含有物种随时间被迫获得复杂性的思想。然而，如今他为人所知的却是这个理论框架之中的两个构想。第一个构想是，有机体在整个生命周期都会随所处环境的变化而变化——它们会获取新的特征。第二个构想是，它们的后代也会继承这些新特征。在拉马克去世几十年之后，这两点构想被称为“拉马克氏遗传学说”。

甚至在 1859 年达尔文发表《物种起源》之后，拉马克依然非常引人注目，这也许会让人觉得不可思议。事实上，在 19 世纪末和 20 世纪初这段时间，很多科学家对达尔文的自然选择机制下的进化论学说持怀疑态度。在这段有时被称为“达尔文日食”的时期，有很多人认为，进化实际上是受已获特征的遗传驱使的。实质上，这些人是在支持拉马克氏进化论，反对达尔文进化论。直到科学家们重新发现格雷戈尔 · 孟德尔著作的价值，并且开始通过遗传学的棱镜来看待进化，达尔文的自然选择学说才重新流行起来（参考阅读：现代综合进化论，第 14 页）。

这个故事还有一则后记：基因研究很大程度地反驳了拉马克氏学说。然而，就在过去几年里，一些例外却出现了。例如，某些细菌“硬接线”[1] 形态的生活痕迹被写入 DNA，这就意味着实际上这些细菌的后代确实继承了亲本细胞获得的特征。在某些情况下，拉马克氏学说的确成立。

长颈鹿的长脖子——一个似乎可用拉马克氏学说解释的进化之谜。

---

1 类似计算机的可见的物理连接线路。——译注

2. 关键点梳理

对于被广泛批评的拉马克氏学说，可用长颈鹿的例子来思考。长颈鹿短脖颈的祖先毕生都要努力伸长脖子去啃食高处的树叶，这种行为确实略微拉长了它们的脖子。拉马克氏学说提出，这些长颈鹿的后代继承了这一特征：甫一出生，它们的脖子就要比它们的父母出生时的脖子稍长一点。在往后的生活中，小长颈鹿也要伸长脖子去够食物，于是它们的脖子会伸展得更长。而它们的后代出生后将拥有比它们更长的脖子。这一过程经过无数代，便有了现代长颈鹿的脖子可以达到将近两米长这一结果。

参考阅读 //
No. 1 自然选择进化论，第 6 页
No. 16 孟德尔遗传定律，第 36 页

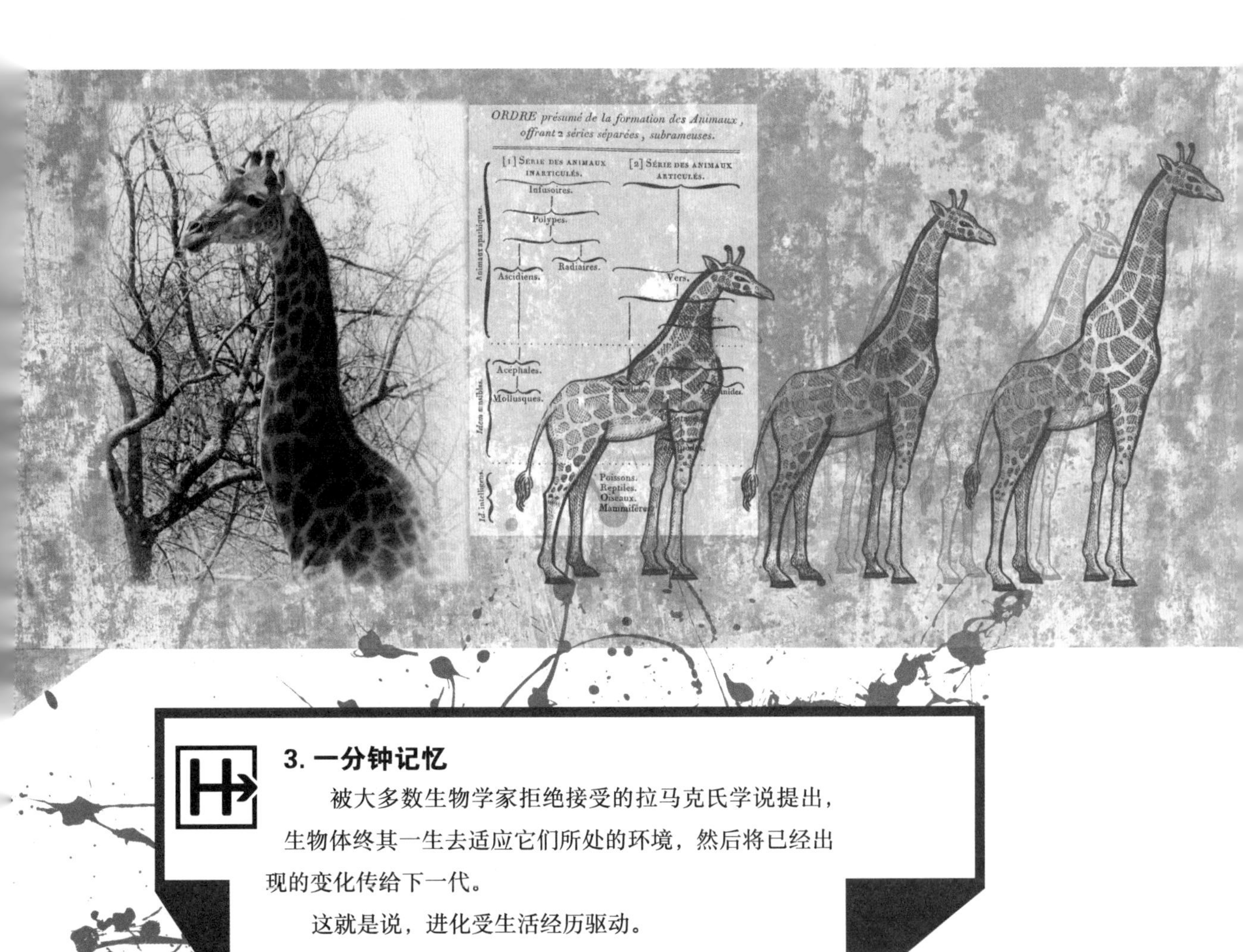

3. 一分钟记忆

被大多数生物学家拒绝接受的拉马克氏学说提出，生物体终其一生去适应它们所处的环境，然后将已经出现的变化传给下一代。

这就是说，进化受生活经历驱动。

No.4

尤里乌斯·科曼（1834—1918）

幼态持续
为什么人类永远“年轻”

1. 多维度看全

19世纪60年代，奥古斯特·迪梅里有了一个惊人的发现。他曾收到一批从墨西哥运来的奇怪的两栖动物。据科学家所知，这种动物——蝾螈——会逐渐长成一种奇特的水生动物。迪梅里发现，如果这种动物被迫在更干燥的环境中生存，它会长出肺脏替代鳃部来呼吸，蜕变成更像火蜥蜴一样的生物。迪梅里的研究成果推动了学界对进化的某个重要要素的认识。

奥古斯特·迪梅里（1812—1870

几乎就在迪梅里进行试验的同一时间，爱德华·德林克·科普也在思索，或许这个加速或者抑制发育的作用在新物种的起源上也有所发挥。随着生物体达到性成熟，它们的外观会出现极大变化。科普认为，某些新物种或许仅仅是通过随机改变发育速度进化出来的。查尔斯·达尔文读了科普阐述这个观点的论文后，印象深刻，随即把这个观点收入他于1872年出版的第六版，也是最终版的《物种起源》中。

十年之后，尤里乌斯·科曼意识到，迪梅里关于蝾螈的研究为科普的观点提供了一个活生生的力证。迪梅里已经展示出，如果蝾螈一生都生活在水中，那么它似乎会一直停留在抑制发育的状态下——它的鳃部及其他幼体特征都将保留下来，即便长成性成熟的个体也是如此。科曼把这种保留幼体特征直到成年期的现象称为幼态持续。今天，许多生物学家认识到，幼态持续在许多物种——可能也包括我们人类——的进化过程中都起到了关键性的作用。

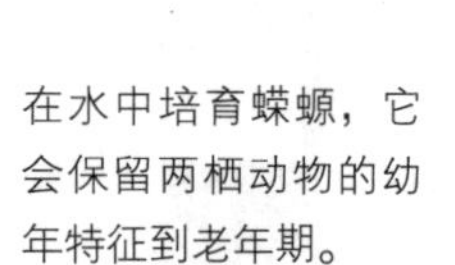

在水中培育蝾螈，它会保留两栖动物的幼年特征到老年期。

2. 关键点梳理

生物学家常常把人类当作幼态持续的经典案例。黑猩猩和倭黑猩猩是现存的与人类关系最近的动物，它们的幼崽和人类的婴儿看起来也比较相似。然而，黑猩猩和倭黑猩猩在生长过程中发育出额外的特征——它们长出了更多的毛发、大大的颌与健壮的长臂。而人类在生长发育过程中，仍会保留许多“孩子气”的特征：毛发稀少、下巴短小脆弱、手臂较短，等等。人类当然会老去，但从某个特定角度看，我们永远年轻。

参考阅读 //
No. 1 自然选择进化论，第 6 页

3. 一分钟记忆

进化并不总是和崭新特征的出现有关。

进化有时仅仅关于放慢（或者加快）现有特征的发展速度。

No.5
现代综合进化论

我们现在所了解的进化

J. B. S. 霍尔丹（1892—1964）

1. 多维度看全

虽然早在 19 世纪 50 年代查尔斯 · 达尔文就首次提出了他的自然选择进化论大纲，但 40 年过去了，生物学家们仍然在谈论它的价值。在 20 世纪之交，生物学家们开始认识到遗传学在进化方面扮演的重要角色，并最终意识到基因对达尔文进化论的支持。现代综合进化论从此便形成了。

就在达尔文出版《物种起源》几年后，格雷戈尔 · 孟德尔开始在豌豆上做试验，探索生物体上一代特征的继承方式。孟德尔是超越他所在的那个时代的——直到 20 世纪，生物学家们才对他的理论给予重视，遗传学研究由此才真正开始。

这些生物学家所做的研究至关重要。遗传学填补了达尔文理论中的一块空白——特征遗传的机制。尽管如此，许多早期研究遗传学的科学家却认为，他们的研究成果事实上推翻了达尔文的观点。基因是带有可遗传信息的离散片段，这似乎意味着进化会突然发生。例如，如果有一个“高大”基因出现，那么一个种群或许会以很快的速度进化成一个新的“高大”物种。达尔文曾坚称，进化是缓慢而稳定的，新的物种是逐渐进化出来的（参考阅读：间断平衡论，第 22 页）。

然而，随着探究的深入，遗传学家们的看法发生了变化。20 世纪 20 年代，他们发现了一种类似“高大”的特征往往被很多个而非仅仅一个基因编码。罗纳德 · 费舍尔、J. B. S. 霍尔丹和休厄尔 · 赖特等科学家开始建立数学模型来探索，如果一个或多个个体出生时偶然出现有利的新基因突变，种群将会如何进化。他们发现，遗传复杂性所导致的进化模式和速度，与达尔文的自然选择学说完全一致。在《物种起源》出版六十多年后，生物学家们终于接受了达尔文的理论。

数字图像虽然细看起来粗糙，但是远看很光滑。

2. 关键点梳理

生物学特征往往受许多而非仅一个遗传因子支配，这是现代综合进化论的一个重要启示。这个朴素的发现帮助解释了离散的二进制编码基因如何创造生物体——生物体看起来无缝融合了来自父本和母本的特征，并逐渐演变成新的形态。把一个电脑游戏角色画在 12 × 16 像素的网格上时，它看起来呈块状，但如果用几千像素来绘画，它将显得超级平滑。生物体和进化过程也会类似地呈现一种“平滑”的模样，因为通常生物体都是由数以千计而非屈指可数的基因构成。

参考阅读 //
No. 1 自然选择进化论，第 6 页
No. 16 孟德尔遗传定律，第 36 页

3. 一分钟记忆

现代综合进化论展示了自然选择进化是如何通过基因遗传进行的。

它标志着生物学家们在什么是进化以及进化如何发生上达成了一致。

No.6 性感子孙假说

为什么雌性觉得出轨的雄性有吸引力

罗纳德·费舍尔（1890—1962）

1. 多维度看全

19世纪，查尔斯·达尔文和阿尔弗雷德·拉塞尔·华莱士同时对一些动物，尤其是雄性动物的出众外表产生了浓厚兴趣。自然选择理论似乎解释不了雄孔雀为什么会有如此繁复的尾巴，或是雄鹿为什么会有大大的鹿角——肯定有其他什么原因。

到19世纪70年代，达尔文提出了一个科学工作假说：这种特征是某种特殊类型的自然选择即雌雄淘汰造成的结果。某一物种会通过进化来应对它所处环境中的压力，比如，某些动物会进化出更精瘦、更健壮的身体，以逃脱自然天敌的追捕——这便是自然选择理论基于的观点。雌雄淘汰还表明，压力可能来自物种内部。例如，如果该物种的雌性更倾向于和毛发或羽毛颜色更鲜艳明亮的雄性交配，那么这种偏好或许会最终导致（毛发或羽毛）更鲜艳的雄性进化出来。

其中的一个重点是，变得更性感的压力可能会巨大到雄性会进化出减少自己生存机会的特征。虽然一只雄鸟进化出易引起掠食者注意的红色羽毛显得异乎寻常，但是其带来的增加性吸引力和交配机会的好处或许盖过了更可能被吃掉的弊端。

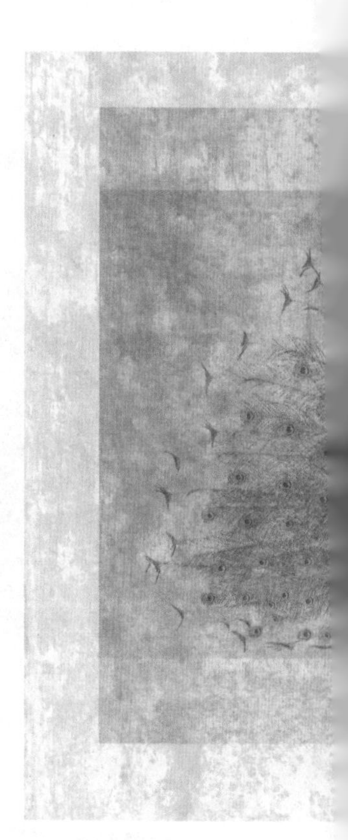

1930年，罗纳德·费舍尔提炼了这个理论。这时，自然选择和基因遗传的理论融合成了有力的进化模型。这意味着生物学家们开始从基因的角度去思考生物体和进化。费舍尔认识到，雌性选择和有吸引力的雄性交配来增加它们基因生存和繁殖的机会，恰恰是因为这种结合产生的任何雄性后代可能会继承它们父辈的魅力和更多的交配机会。这一更新的雌雄淘汰观，被称为性感子孙假说。

雄性孔雀进化出纷繁复杂的尾巴可能仅仅是为了吸引雌性。

2. 关键点梳理

费舍尔的性感子孙假说解开了长久以来关于生命的一个谜题：为什么雌性物种（包括人类）似乎往往会被不忠的雄性所吸引。许多物种的雌性似乎接受了她们必须为养育幼崽付出时间的事实。这就意味着她们将拥有较少的孩子，并且她们的基因也不会广泛传播。如果雄性后代继承了其父辈的魅力和四处交配的欲望，最终雌性会拥有许多孙辈，最后她的基因（其中很多由其性感子孙携带）就会广泛繁殖了。

参考阅读 //
No. 7 亲缘选择理论，第18页
No. 28 祖母假说，第60页

3. 一分钟记忆

雌性与迷人又滥交的雄性交配，期待通过这种结合所产生的雄性后代会继承其父辈的魅力和风流。

这些“性感子孙”会将他们的基因（包括其母亲的许多基因）广泛传播。

No.7

约翰·梅纳德·史密斯（1920—2004）

亲缘选择理论

为什么个体没你想象的那么重要

1. 多维度看全

查尔斯·达尔文敏锐地察觉到，某些动物的行为方式给人的第一印象似乎与自然选择进化论相矛盾，群居昆虫就是特别典型的例子。在通常情况下，一个蚂蚁群落或蜜蜂群落中会有大量成员没有生育能力；如果自然选择是基于特征的代际传递，那么这种“不育”的特征是如何被保存下来并发扬光大的呢？达尔文在其《物种起源》一书中做出了解释。

达尔文首先推测出，某些有生育能力的动物在有需要的情况下，会运用某种方法来产生没有生育能力的后代；继而提出，那些没有生育能力的后代可能会通过一些行为来帮助有生育能力的同伴进行繁殖。如果他们这样做，那么这个动物种群从整体上看能够繁荣和发展。没有生育能力的工蚁用一种古怪而迂回的方式——将有生育能力的同类作为中转来帮助延续自己的血脉。

20 世纪 30 年代，生物学家们将遗传科学与自然选择科学（参考阅读：现代综合进化论，第 14 页）结合起来，对这个理论进行了微调。罗纳德·费舍尔和 J. B. S. 霍尔丹推断，进化真正的目的是保证基因而非个体的幸存（参考阅读：自私基因理论，第 46 页）。同一群落内昆虫之间的关系非常紧密，这就意味着没有生育能力的个体所携带的基因和他们有生育能力的兄弟姊妹的基因是非常相似的。如果没有生育能力的工蜂或者工蚁无私地去帮助有生育能力的同类生存和繁殖，那么这些不育的动物也达到了自己的目的——使和他们自己的非常相似的基因通过他们有生育能力的同伴得以存活并获得复制。这个理论逐渐流行起来。20 世纪 60 年代，约翰·梅纳德·史密斯将其命名为“亲缘选择”。

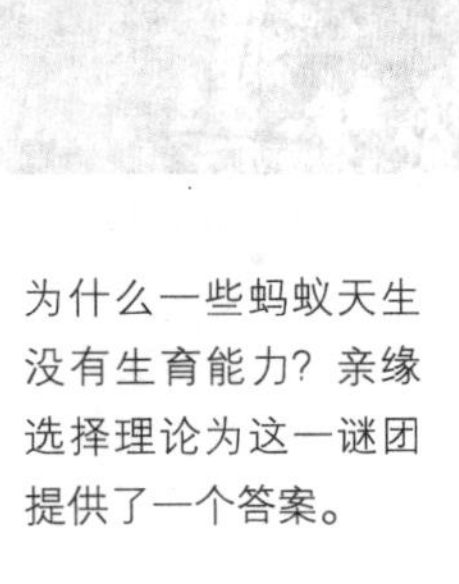
为什么一些蚂蚁天生没有生育能力？亲缘选择理论为这一谜团提供了一个答案。

2. 关键点梳理

从另一角度来看待人类身体或许对理解亲缘选择理论有所帮助。想象一下你的一个脚指头感染了一种令人讨厌的病菌，医生要你做出选择：要么把这个趾头截掉，要么让感染扩散以致威胁生命安全。显然，截肢是最好的选择，哪怕截肢会“牺牲”脚指头上所有的人类细胞。现在再试想一下，其中的每一个细胞相当于关系紧密的家庭群体中的动物个体。如果牺牲自己能确保群体的生存，那么其中一些动物就会这么做，这一点从进化的角度来看就不难理解了。

参考阅读 //
No. 1 自然选择进化论，第 6 页

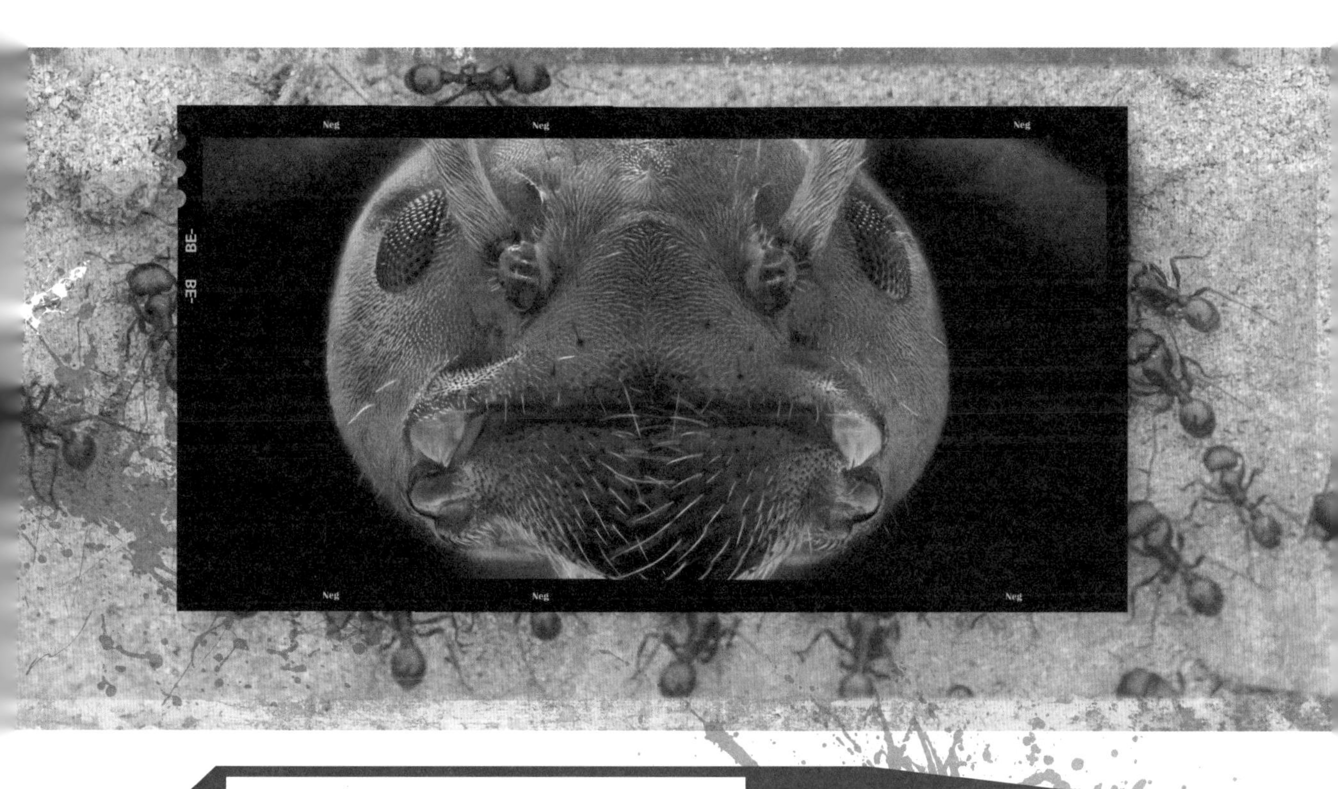

3. 一分钟记忆

（物种）内部正在进行的活动才是重点：如果两个或两个以上的个体拥有大量相同的基因，那么从进化的角度来看，这些个体实际上就是一个单一整体，即亲缘群体。

No.8

红皇后假说

只有不停进化才能保持在原地

利·范·瓦伦（1935—2010）

1. 多维度看全

进化是为了生存，因为这一点，我们或许会认为，物种生存的能力会随着时间的流逝而提高。或者换一种说法，物种在避免灭绝这项任务上会完成得越来越好。20 世纪 70 年代，利·范·瓦伦探索了这一理论，并有了一些意料之外的发现。

当他看着化石记录，并忽略掉那些戏剧性的灭绝事件时，他发现，灭绝率在任何给定的动物群体中，都或多或少地保持一致。举个例子，现今的某种哺乳类动物灭绝的概率和它在四千万年前的情况大致相同。虽然经过了数百万年的进化，但是哺乳动物显然没有在提高生存率上有所进步。范·瓦伦提出了一种解释，被称为红皇后假说。

范·瓦伦假说的理论依据是物种并不生存于真空之中。同一生态系统中的两个或多个物种会互相作用，并影响彼此的进化。协同进化通常是一个对抗性的过程：一个物种以牺牲其他物种为代价而获得更好的进化，反之亦然。这就意味着，如果一个物种通过进化出一种新的特征而获得了某个生存优势，其他物种可能会发现自己的生存机会因此而处于不利地位。换言之，一个物种的生存概率会被其他物种中出现的进化革新持续削弱。处于领先地位的物种不得不持续进化出新的特征，来保持它在避免灭绝任务上的现有优势。这使范·瓦伦想起了刘易斯·卡罗尔所著的《爱丽丝镜中奇遇记》一书中红皇后所言："你必须用尽全力不停奔跑，才能保持在原地。"他暗指，物种进化实际上是为了保持已有的优势。

这个理论逐渐在生物学家之间流行起来，但并不是没有收到过批评的声音。20 世纪 90 年代末期，安东尼·巴诺斯基提出，进化通常是受物理的、非生物的压力——比如气候变化——的驱动，而非受到物种之间的竞争的驱动。因为这一点，红皇后假说或许不是一直都成立的。可能是参照了扑克牌里小丑有时候扮演的那个令人意外或者制造混乱的角色，巴诺斯基把这个针对进化的另一种解读命名为"宫廷小丑假说"。

2. 关键点梳理

虽然范·瓦伦的红皇后假说是为了解释物种生存问题，但从种群生存的角度来理解这个理论会更容易一点。试想一群食草动物和一群食肉动物生活在一起，每年食肉动物会捕杀大约一千只食草动物。食草动物进化出诸如更厚的皮肤、运动速度更快的身体等特性来减少其脆弱性，所以原则上捕杀率应该降低，但肉食动物也进化出了一些能提高其捕杀率的特性，例如更强壮的下巴和更敏锐的眼睛等。因为两个种群都在持续进化，所以没有哪一个占得上风，于是肉食动物仍然保持着每年约一千只的捕杀量。

令人惊奇的是，爱丽丝的红皇后是生物进化论的一个重要人物。

参考阅读 //
No. 2 协同进化论，第 8 页

3. 一分钟记忆

相对获胜和绝对获胜之间有所区别：某一生态系统中的一个物种一直在进化出提高其生存机会的特性，但同时该生态系统中的其他物种也在不断地进化。

相对而言，生存率没有变化。

No.9
间断平衡论
对进化论的彻底反思

1. 多维度看全

查尔斯·达尔文进化论的思想核心是物种是逐渐进化的。20 世纪 70 年代，斯蒂芬·杰·古尔德和奈尔斯·埃尔德雷奇大胆地提出了一个不同的观点。他们认为，新物种的进化往往是突然发生、带有戏剧性的。

早在几十年前，古尔德和埃尔德雷奇在恩斯特·迈尔研究成果的基础上，提出了这一观点。迈尔提出，一个大型生物种群间的遗传信息流原则上会起到抑制革新及新物种出现的缓冲作用。然而，如果一小撮个体从主要种群中独立出来，那么上述情况就会发生改变。因为这个“卫星”种群的体量小，所以有用的遗传革新更有可能带来一些影响而不是被埋没其中，因此该“卫星”种群更有可能进化成一个新的物种。

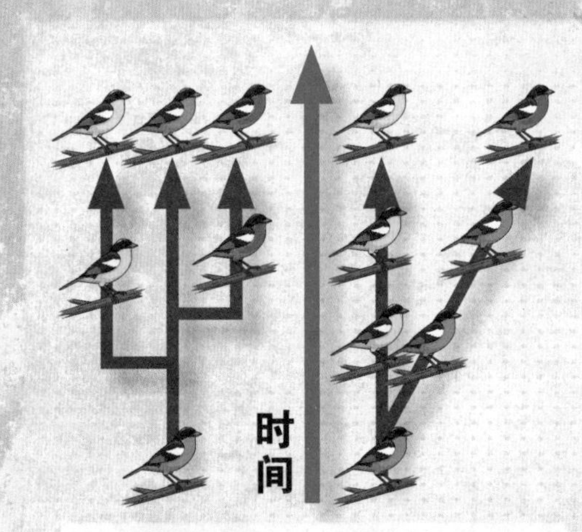

古尔德和埃尔德雷奇对这个理论很感兴趣。他们耗费了数年时间来研究化石记录，并认识到，在地质历史上，新物种似乎都是突然出现的，外表经过数千年甚至数百万年的时间保持几乎不变，然后又突然消失。这个发现似乎与达尔文物种缓慢进化的观点矛盾，但它与迈尔的“新物种在小型卫星种群中迅速出现”的理论十分相符。

古尔德和埃尔德雷奇结合迈尔对基因的研究和他们自己对化石的探索，提出了一个理论。一个新物种会在一个小型建立者种群中突然出现，随着新物种发展得越来越顺利，其种群的规模也日益壮大，这同时也抑制了其进化和改变外表的能力。最终，这个新物种的竞争力会下降，之后便灭绝了。古尔德和埃尔德雷奇将这种进化观命名为间断平衡论。

间断平衡论主张新物种不是缓慢而是迅速出现的。

2. 关键点梳理

间断平衡强调了少数者的力量。想象一下，给你一品脱（约568.26毫升）牛奶、一个装着极少量红色食用色素的瓶子和一条制作亮粉色牛奶的书面指令。瓶中的那一点色素顶多能给这一品脱牛奶染上一抹淡粉色，但若采用把少许牛奶倒入色素瓶中的方法，你就能挑战成功：使色素瓶中的少量牛奶呈亮粉色。间断平衡理论认为，只有当种群的一个小型子集“换瓶”，从而被一种新的基因突变所影响的时候，才能发生物种的变化。在大多数时候，种群都因为自身规模太庞大而很难受到变异的影响，物种自身的进化也就不显著了。

参考阅读 //
No. 36 灾变论，第76页

斯蒂芬・杰・古尔德（1941—2002）

3. 一分钟记忆

进化皆关乎改变，这是一个常见的假设。

间断平衡论则强调，进化亦关乎停滞。

No.10

扩展适应论

为何单只翅膀比看上去的更有用

圣乔治·杰克逊·米瓦特（1827—1900）

1. 多维度看全

在达尔文《物种起源》一书出版大约十年后，他的自然选择进化论遭到了圣乔治·杰克逊·米瓦特的批评。米瓦特认为，自然选择理论的问题在于，它主张物种及其特征是缓慢进化的。然而，某些特征只有处于完整状态的时候才会有用，比如眼睛或者翅膀。仅有一只翅膀能有什么用？为什么自然选择要青睐一种拥有这样明显无用特征的动物呢？

实际上，达尔文可能已经在他的第一版书中探讨过这个明显的问题，但他在19世纪70年代的最终版中论述得更加充分。他写到，要记住，过去遥远时光中的进化没有洞察到动物在今天的模样。因为我们假定翅膀一直只是以帮助鸟类飞翔为目的，所以一只翅膀似乎没什么用，但如果长有羽毛的翅膀最初是为了另一目的而出现，那么一只翅膀可能会很有用。翅膀通过另外的（除帮助其飞翔以外的）方式给予动物帮助，因此可能会逐渐变大，直到某天长到足够宽大，便偶然适用于一种崭新的功能：飞翔。

这个观点被称为"先期适应"（preadaptation），但是生物学家们不赞成这个叫法，因为这个术语似乎暗示着进化在某种程度上是有意图的：它使得物种为迎接即将到来的某种特定的挑战而"提前适应"。斯蒂芬·杰·古尔德和伊丽莎白·弗尔巴意识到了这个语义问题。1982年，他们向科学界提出，或许生物学家们会更想使用"扩展适应"（exaptation）这一术语来替换"先期适应"。科学界同意了。

始祖鸟（主图）和中华龙鸟（嵌套图）揭示了羽毛进化的各个阶段。

2. 关键点梳理

古尔德和弗尔巴认为，物种一直处在适应和扩展适应的进程中。举个例子，很久以前，早期鸟类可能长出短羽毛来保存热量以维持体温——这就是一种适应。羽毛最终进化得长到可以给早期鸟类带来意想不到的好处：它们变成了采食昆虫的即时罗网——这就是一种扩展适应。于是那些拥有更精巧的在捕食昆虫时能更好发挥罗网作用的羽毛的动物更受自然选择的青睐——这又是一种适应。最终，羽毛变得越发精巧，使早期鸟类又获得了一个意外好处：羽毛可以帮助它们短距离滑翔——这又是一种扩展适应。如此这般，循环往复……

参考阅读 //
No. 1 自然选择进化论，第 6 页
No. 15 遗传同化过程，第 34 页

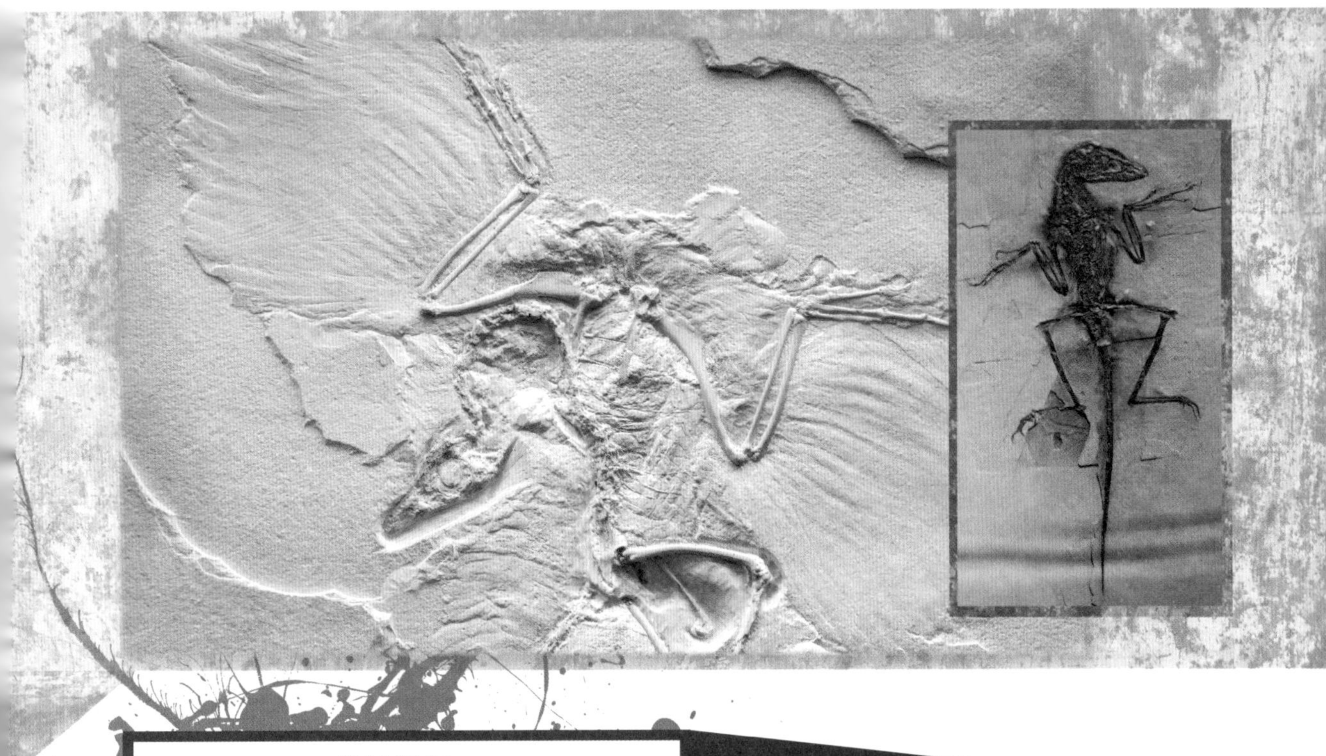

3. 一分钟记忆

进化并不能预见前路。它根据物种现在所处的环境来塑造物种。

有时物种发展出的一些特征，最终会以一种意料之外的方式发挥作用。

No.11

查尔斯·达尔文（1809—1882）

趋同进化过程

似曾相识

1. 多维度看全

1859 年，查尔斯·达尔文写了一篇文章，文中详述了他搜集的用以支撑其“进化通过自然选择发生”的观点的论据。他写在《物种起源》的最后一句话表明，这种比较简单的过程已经产生了“无穷个最美丽、最绝妙的形式”。这个结论只存在一个问题：进化似乎不会产生“无穷”的种类。

实际上，自然界似乎流行复制。通常情况下，针对一个给定的生态“难题”，生物体们会各自进化出一套一致的“解决方案”，导致的结果就是它们看起来和彼此非常相似。这一过程被称作趋同进化。2011 年，乔治·麦吉提议调整达尔文的措辞，以承认今天的生态系统和化石记录事实上似乎已记载下“最美丽而有限的形式”的证据。

在理解为何趋同进化看起来出现得如此频繁的问题上，遗传学提供了关键信息。我们天真地以为驱动进化的 DNA 突变有可能在基因组的任何部位出现，但实际上，基因组的某些部位比其他部位更有可能出现突变。

更重要的是，DNA 突变并不是“生来平等”的。某些突变会改变身体的每个细胞里基因的运作方式，这种根本性的改变也许还真的会杀死生物体本身。其他的突变只会影响生物体部分细胞里基因的运作方式，并且这些突变没有那么剧烈，更有可能通过鼓励进化发生的方式给生物体带来好处（参考阅读：垃圾 DNA 之谜，第 52 页）。进化可能并非完全随机和不可预测的，部分原因就是有类似这样的制约因子的存在。

古代鱼龙和今天的海豚看起来非常相似。

2. 关键点梳理

地球生命的历史充满了趋同进化的案例。举个例子，数亿年前，一群陆生爬行动物逐渐进化成可怕的海洋掠食者——鱼龙。数千万年前，一群陆生哺乳动物也进化成了海洋掠食者——海豚。在外行人眼里，鱼龙和海豚看起来很相似，但其实它们是完全独立地由不同的祖先进化而来的。

参考阅读 //
No. 24 垃圾 DNA 之谜，第 52 页

3. 一分钟记忆

新物种往往和已经存在的其他物种看起来很相像，遗传制约因子是其部分原因。

进化仿佛是在不断地重温以前的作品，并打造出新的版本，而不是用崭新的材料去创新。

No.12
水平基因转移

实际进化与达尔文预测的并不相同

奥斯瓦尔德·埃弗里（1877—1955）

1. 多维度看全

1928年，弗雷德里克·格里菲斯公布了一个令人震惊甚至恐慌的发现。他研究了同一菌种的两个菌株。当这两个菌株被注射进试验小白鼠体内时，菌株A没有造成伤害，但菌株B在该啮齿动物身上引发了致死性肺炎。他发现，对致命性菌株B进行高温加热足以将细菌杀灭，使之变得和菌株A一样无害。然而，当他将从菌株A中提取的活菌与菌株B中已死亡的细菌混合注射进小鼠体内之后，意想不到的结果发生了：两个菌株在单独使用的时候都是无害的，但两者的混合物杀死了小鼠。格里菲斯的研究成果证明了进化可能以完全出乎意料的方式进行，并且成为这方面的第一手证据。

格里菲斯总结，死掉的细菌用某种方式把"致命潜能"传递给了活的细菌。然而，这是一个引起极大争议的观点。那些重新开始支持查尔斯·达尔文的科学家认为，特征是专门在（活的）亲代与子代之间传递的，即所谓的"垂直"遗传。杀灭致命性细菌会导致这种细菌不能繁殖，所以它们杀死动物的能力也应该随之消失。

奥斯瓦尔德·埃弗里研读了格里菲斯的试验成果，决定展开研究。1944年，埃弗里有了一个重大发现：他确定了一种在死菌和活菌之间传递的、很可能携带着"致命"特征的分子，这个分子就是脱氧核糖核酸（DNA）。这是一项里程碑式的研究，它不仅有助于解释格里菲斯的研究结果，还帮助遗传学家们建立了DNA是遗传的主要分子这一概念，对20世纪后期的科学研究将产生深远的影响。

埃弗里和格里菲斯共同揭示了遗传并不总是严格地在亲代和子代之间垂直进行。这一发现意义非常重大。有时遗传物质可能会在完全没有关联、仅仅是偶然生活在相同环境中的生物体之间"水平"传递。没有人，甚至是达尔文都不曾预见到水平基因转移的过程。

培养物中的细菌细胞可以交换DNA包。

2. 关键点梳理

我们对垂直遗传很熟悉：人类孩童会继承其父母的基因和基因所编码的物理特征。但微生物不同，不论是否关系紧密，很多微生物可以产生一个含有它们部分 DNA 副本的小型信息包，并将其传递给它们接触到的另一个微生物。然而，无论是动物之间或仅是微生物之间的水平基因转移，其发生的程度都还未有定论。

参考阅读 //
No. 19 双螺旋模型，第 42 页
No. 50 抗生素耐药性的概念，第 104 页

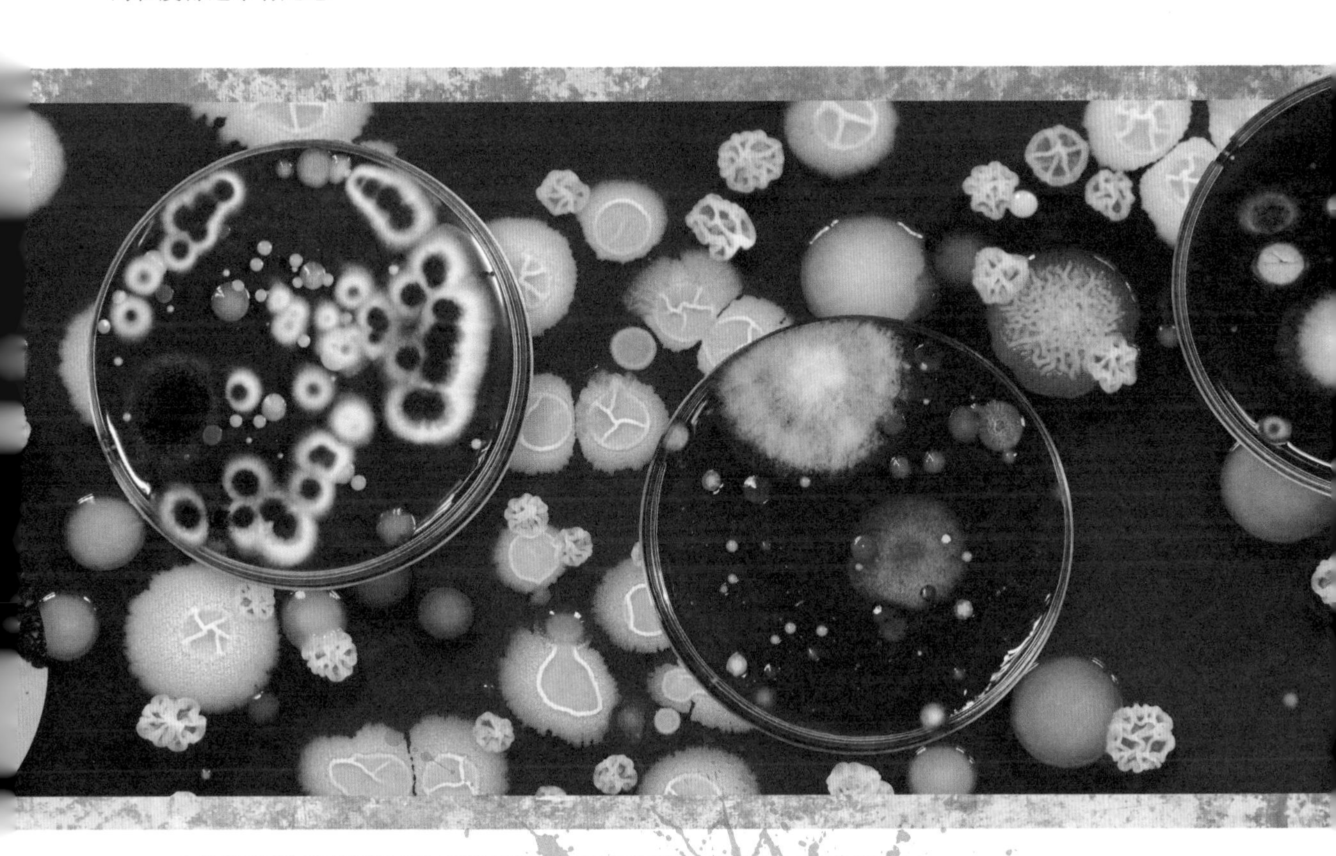

3. 一分钟记忆

遗传物质有点像一条刺激的八卦消息，有时候太有趣了，以至于很难将它的传播范围限定在家族内部，而会“水平地”向群落中的陌生人传播。

No.13 内共生学说

团队合作如何创造了世界上的复杂生命

1. 多维度看全

在19世纪这一百年间，显微镜的质量有了极大提升，使生物学家们观察生物细胞的内外结构成为可能。1883年，安德烈亚斯·申佩尔注意到，植物细胞内部的那些被称作叶绿体的微小结构看起来不同寻常地眼熟。事实上，它们看起来和一种特殊的菌株很像，这种菌株可以通过光合作用产生养料来供自己使用。申佩尔推测，植物或许源于某些有细菌参与的生物联合。这个想法在当时似乎有些疯狂，但在不到一百年的时间里它便已然成为科学界的共识。

安德烈亚斯·申佩尔（1856—1901）

20世纪早期，康斯坦丁·梅勒什可夫斯基注意到了申佩尔的观察结果，并用更多的细节丰富了后者的观点。到目前为止，生物学家们已经知道，两个不相关的生物体有时会进入一种互利（或者说“共生”）关系。梅勒什可夫斯基认为，这种关系的一个极端例子已经在植物身上出现了。他（可能错误地）设想，地球上的生命进行了两次进化：首先，一种生命形式成为了细菌，而另一种则成为稍微复杂一些的阿米巴虫状的细胞。然后，这两种生命形态在某一时刻相遇了：一个阿米巴状细胞和一个光合细菌细胞共生成一个单细胞藻类生物——所有植物的远古祖先。然而，这一观点被生物学家们忽视了数十年。

直到20世纪50年代，遗传学家们才开始接受DNA就是生物体用来复制自身的关键分子这个观点。他们意外地发现，植物细胞内部的叶绿体拥有独立于该植物DNA运行的DNA包。这个发现表明梅勒什可夫斯基的设想是正确的。虽然现在的叶绿体不能独立于植物细胞来发挥功能（植物细胞也不能独立于叶绿体来发挥功能），但它们曾是用自身DNA来复制自身从而独立生存的微生物。大约在同一时间，生物学家们发现，动植物细胞及真菌细胞体内被称为线粒体的小型结构同样含有它们自己的DNA。1967年，林恩·马古利斯复兴了梅勒什可夫斯基的观点，内共生学说从此走上了被广泛接受的道路。

植物细胞体内的叶绿体可能曾经是能够独立生存的微生物。

2. 关键点梳理

马古利斯的内共生学说的意思就是，史前的一场晚餐约会乱了套。一个（较大的）微生物吞掉了另一个（较小的）微生物，但是被吞掉的那个不知怎么逃脱了被消化掉的命运，反而和吞掉它的微生物建立起利益关系。较大的细胞保护着较小的细胞，并为它提供营养，同时较小的细胞为较大的细胞提供能量。最终，这两个细胞融合成一个复杂的有机体运转起来，这个有机体会进化为动物和真菌。这个有机体的后代也会进化为植物——如果有第三个微生物加入，令该有机体后代最终成为进行光合作用的叶绿体。

参考阅读 //
No. 14“露卡”假说，第32页

康斯坦丁·梅勒什可夫斯基（Konstantin Mereschkowski）（1855—1921）

3. 一分钟记忆

虽然伙伴关系分分合合，但按内共生学说的说法，某些最紧密的伙伴关系持续了很长时间。

这些微生物伙伴关系就是地球上所有复杂生命出现的原因。

No.14
“露卡”假说
带来惊人遗产的远古微生物

1. 多维度看全

1859年，查尔斯·达尔文出版了《物种起源》，该书是有史以来最著名的科学著作之一。达尔文在书中阐明了他的自然选择进化论（第6页），给出了新物种在地球上出现的一种可能过程的描述。达尔文也做出了大胆的预测：从根本上说，所有生物都可能是生活在很久以前的某一小部分物种，甚至是同一个物种的后代。今天，科学家们认同了他的猜想。

在达尔文离世很久以后，科学家们才开始认识到，所有的细胞生命（从细菌到大象）都拥有一个共同的特征：拥有DNA分子构成的遗传编码。基本上所有细胞生命形态中的DNA都是非常相似的，这个现象强有力地证明了所有的现存物种所继承的DNA都来自同一个祖先。这个祖先是一个处在假说当中的物种，科学家们将之命名为“最后的宇宙共同祖先”，或“露卡”。

“露卡”并非地球上最早出现的物种。实际上，到它出现的时候已有一个规模庞大的物种队列生活在我们的星球上了，但由于命运的安排，所有和“露卡”处在同一时代的物种的后代最终都消失了。

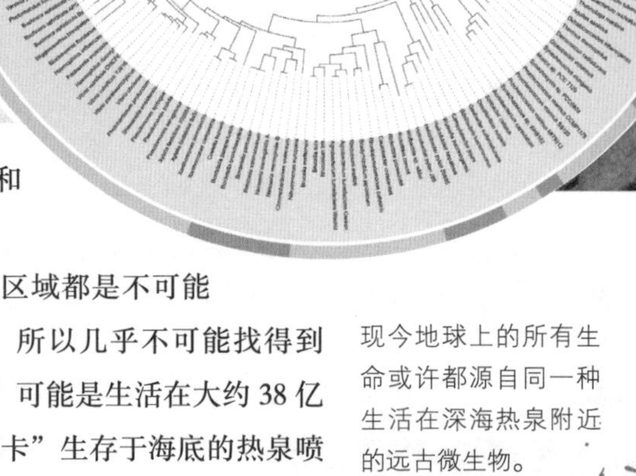

现今地球上的所有生命或许都源自同一种生活在深海热泉附近的远古微生物。

要精确地说出“露卡”的模样或它生活的时期及区域都是不可能的，这是因为在化石上留下过痕迹的物种相对较少，所以几乎不可能找得到“露卡”的化石证据。许多生物学家都在猜测，“露卡”可能是生活在大约38亿年前的某种单细胞微生物。一些遗传学研究显示，“露卡”生存于海底的热泉喷口附近。

2. 关键点梳理

或许通过类比的方法来理解“露卡”假说是最合适的。想象一下这里有一百株树苗，每一株都仅有一根分枝，然后把它们一起种在一小块土地上。数年时间过去，这些树苗长大了，又伸展出新的枝条。有一些树苗长得比其他的更加茁壮，羸弱一些的个体就被挤了出来，随后便死亡了。一个世纪之后，只有一个个体存活了下来，它已经长成一棵枝条千万、样貌壮观的参天大树了。把它想象成生命之树，大树的每一根枝条都代表着今天地球上现存的许多物种当中的一种。我们可以把从仅有一根枝条长成大树的树苗看作“露卡”。它并不是开初时唯一存在的树苗，但最后只有它长出的万千枝条存活了下来。

参考阅读 //
No. 1 自然选择进化论，第 6 页

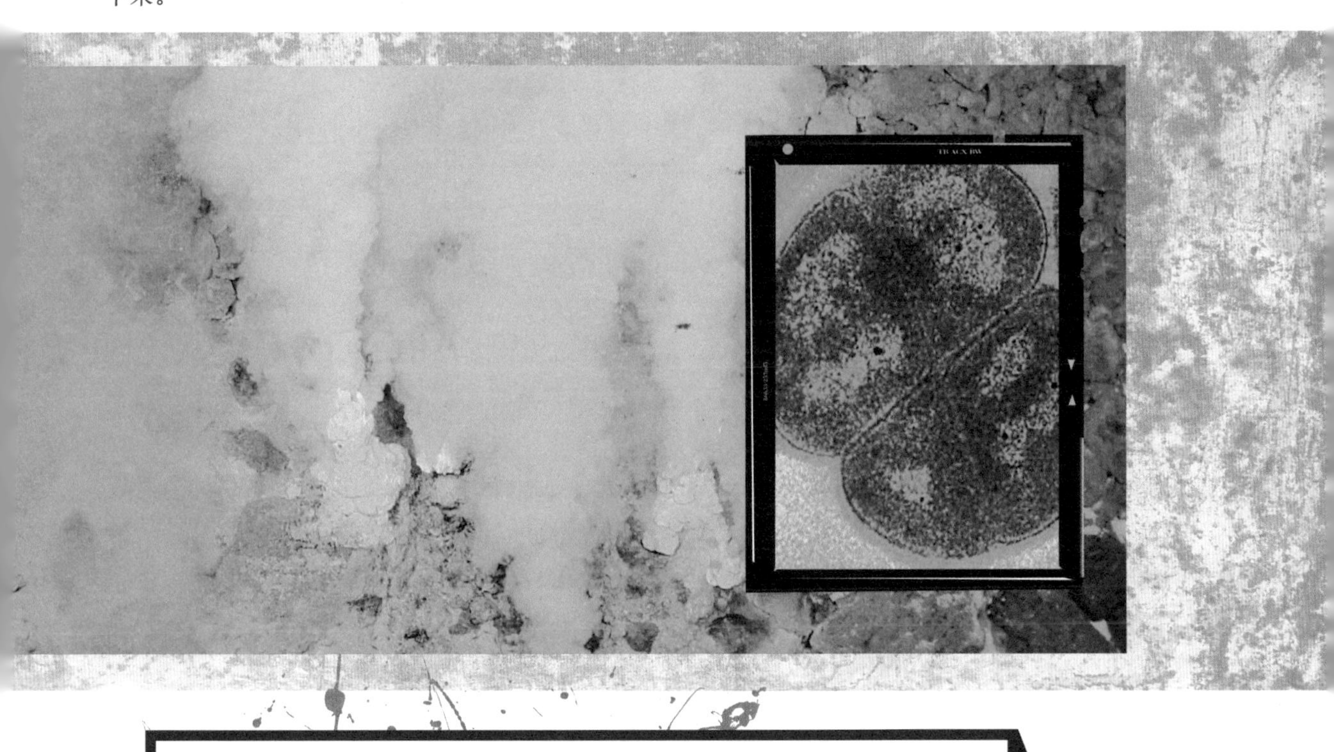

3. 一分钟记忆

科学家们认为所有生物之间都存在联系，因此从逻辑上说，他们肯定拥有共同的祖先。

也就是“露卡”。

No.15

康拉德·哈尔·沃丁顿（1905—1975）

遗传同化过程

回退的进化

1. 多维度看全

早在20世纪50年代，康拉德·哈尔·沃丁顿就发现了一个奇特的现象。他用果蝇做试验得出，如果昆虫在异常温暖的环境中发育成年，它们会长出不寻常的翅膀。（等到果蝇）在越来越温暖的环境中连续发育了好几代之后，沃丁顿再把温度调低，但果蝇继续发育出特殊的翅膀。沃丁顿触发了进化，但这种进化方式与大多数生物学家的设想并不相符。

沃丁顿的发现正好赶上了生物学历史上的一个关键时刻。就在数年之前，科学家们首次意识到DNA分子是遗传的原因。从根本上说，新物种的起源和遗传有关。照此逻辑，科学家们把新物种的出现同新的（可遗传的）DNA突变联系起来是可以理解的。然而，果蝇试验的结果与这个推论并不相符。

实际上在数十年前，生物学家们就已经知道，如果有机体所处的环境有所改变，它们会显著改变其外貌和行为。这个过程被称为发育可塑性。然而，发育可塑性和突变的DNA没有关系，因此它引起驱动进化的可遗传变异似乎是不可能的。可是沃丁顿的试验提示了发育可塑性已经触发了果蝇的进化。

沃丁顿把这种效应称为遗传同化。20世纪50年代，这个理论被多数人当作奇闻逸事打发，但现在不一样了。凯文·拉兰德及另一些人认为，遗传同化可能在物种的进化过程中扮演了一个重要角色。他们把遗传同化摆在了“扩展进化综合论”的核心位置上，从而对主宰近一个世纪、围绕基因展开的进化论的核心假设提出了挑战。人们思考进化的思维方式也在不断进化。

提塔利克鱼是一种生活在三亿七千五百万年前、现已灭绝的古生物，它长着像四肢一样的鱼鳍。

2. 关键点梳理

遗传同化表明，进化有可能以一种奇特的方式发生。沃丁顿的果蝇因为在温暖环境中生长而发育出特殊的翅膀，这种变化本是不可遗传的，但因为沃丁顿培育了好几代“温暖”的果蝇，所以全体果蝇都长出了同样的特殊翅膀。历经数代，果蝇的 DNA 自然而然地吸收了新的变异。一些变异使得果蝇更容易存活，所以这些变异的情况在种群中变得更加普遍。到沃丁顿把环境温度调低的时候，某些（可遗传的）变异已经准备发挥基因支架的作用，强制果蝇继续发育出特殊的翅膀了。最近的一些试验已经表明，早在数百万年前鱼类第一次爬上陆地，它们的鱼鳍变成四肢的时候，遗传同化可能就已经开始了。

参考阅读 //
No. 4 幼态持续，第 12 页
No. 5 现代综合进化论，第 14 页

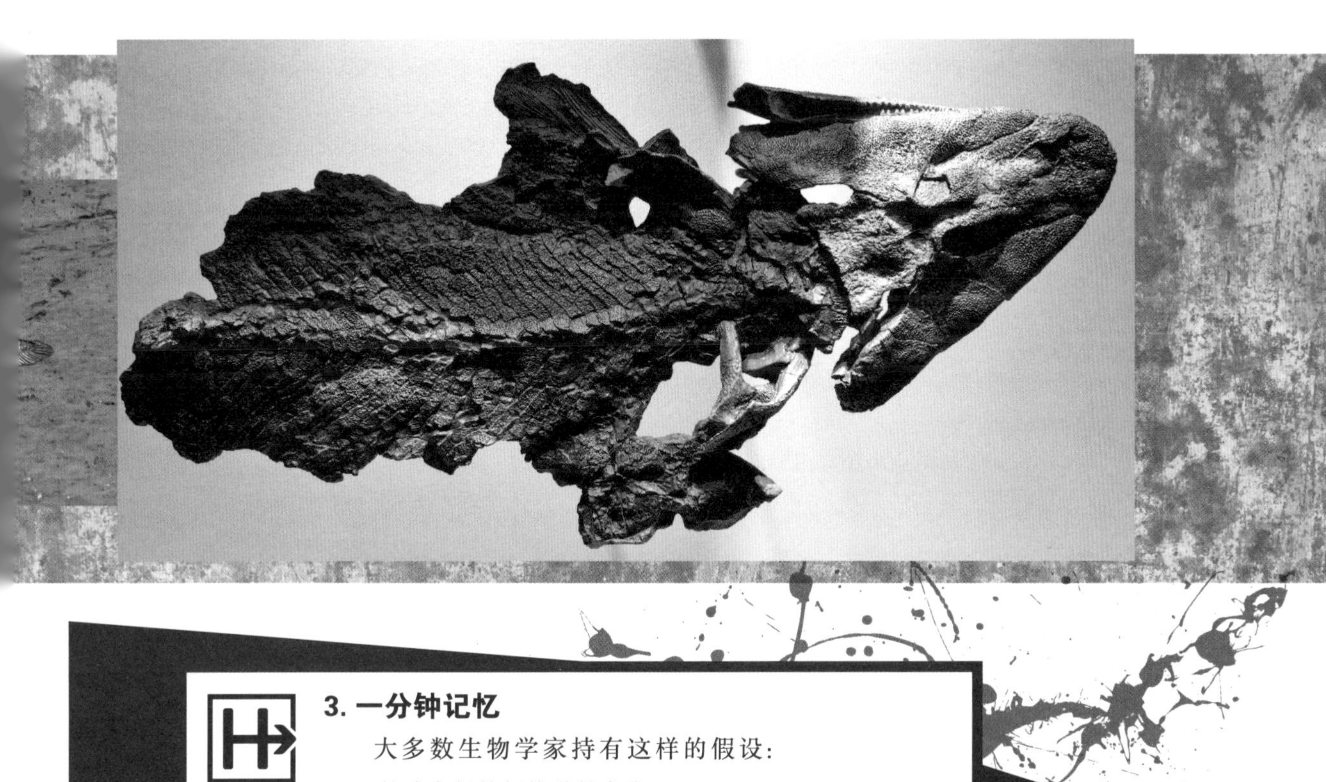

3. 一分钟记忆

大多数生物学家持有这样的假设：DNA 的改变促使新物种的产生。

遗传同化理论却有另一套说法：有机体从开始发育到成年期间出现的不可遗传的适应性可能才是（新物种产生的）的首要原因。

遗传学

No.16 孟德尔遗传定律

奇怪的豌豆

格雷戈尔·孟德尔（1822—1884）

1. 多维度看全

19 世纪中期，格雷戈尔·孟德尔利用他在奥地利修道院的菜园子做了一些非常基础的杂交试验，随后他的发现推动了一个科学新领域的诞生：遗传学。

孟德尔把开白花的豌豆植株和开紫花的品种相杂交，获得的杂交种却意外地没有长成开带紫色白花的植物，反而全部长出了纯紫色的花。孟德尔接下来再对这些开紫花的杂交种豌豆进行杂交，培育出一批新的豌豆种子。这些新种子长大后，其中四分之三的植株仍然开出了鲜艳的紫色花朵，但剩下的四分之一却像孟德尔最初做试验时使用的那一半豌豆植株一样开的是纯白色的花。

孟德尔意识到肯定有什么不寻常的事情发生了。随后他提出了遗传定律来解释豌豆试验的结果。简言之，他提出的观点就是，像花朵颜色这种特征受到名为“遗传因子”（即现今所称的基因）的可遗传的离散信息片段控制。孟德尔推断，至少在某些情况下，一个生物学特征肯定是受某个遗传因子的两个型式（即现今所称的等位基因）控制的。他进一步得出这样的结论：两个型式中有一个占据着主导地位。这就意味着，如果主导型式是显性的，那么它将支配生物学特征在有机体上的最终表现。

根据像这样的简单观点，孟德尔可以解释清楚其豌豆试验的奇特结果，但不幸的是，与他同时代的大部分科学家都对他的发现成果不予理睬。当时主流的观点——尽管这种观点并没有形成理论——是遗传当中普遍存在混杂或者说玷污双亲特性的情况。在试验豌豆植株总是开出非紫即白的花朵，从未开出过带紫色白花的情况下，孟德尔怀疑这种混杂观点是错误的，但直到数十年后生物学家们才接受了他的观点。

遗传科学是从豌豆植株开始的。

2. 关键点梳理

孟德尔的试验从两株纯种豌豆开始：其中一株开紫花，因为它携带两个"花色控制"等位基因的显性型式，记作大写字母PP。另一株开白花，因为它带有两个隐性型式，记作小写字母pp。按理说，这两株植物杂交后所产生的后代会分别从每一株亲本植物身上继承一个等位基因。用遗传学表达，它们都是Pp，并开出紫色的花朵，因为它们全部带有一份"花色控制"的显性等位基因P。当对Pp植株进行杂交之后，可能会出现四种基因组合：PP、Pp、pP和pp。其中三个组合都带有一个显性等位基因P，所以它们将长出紫花。剩下的那个只有隐性等位基因pp，所以它将长出白花。

参考阅读 //
No. 5 现代综合进化论，第14页
No. 21 自私基因理论，第46页

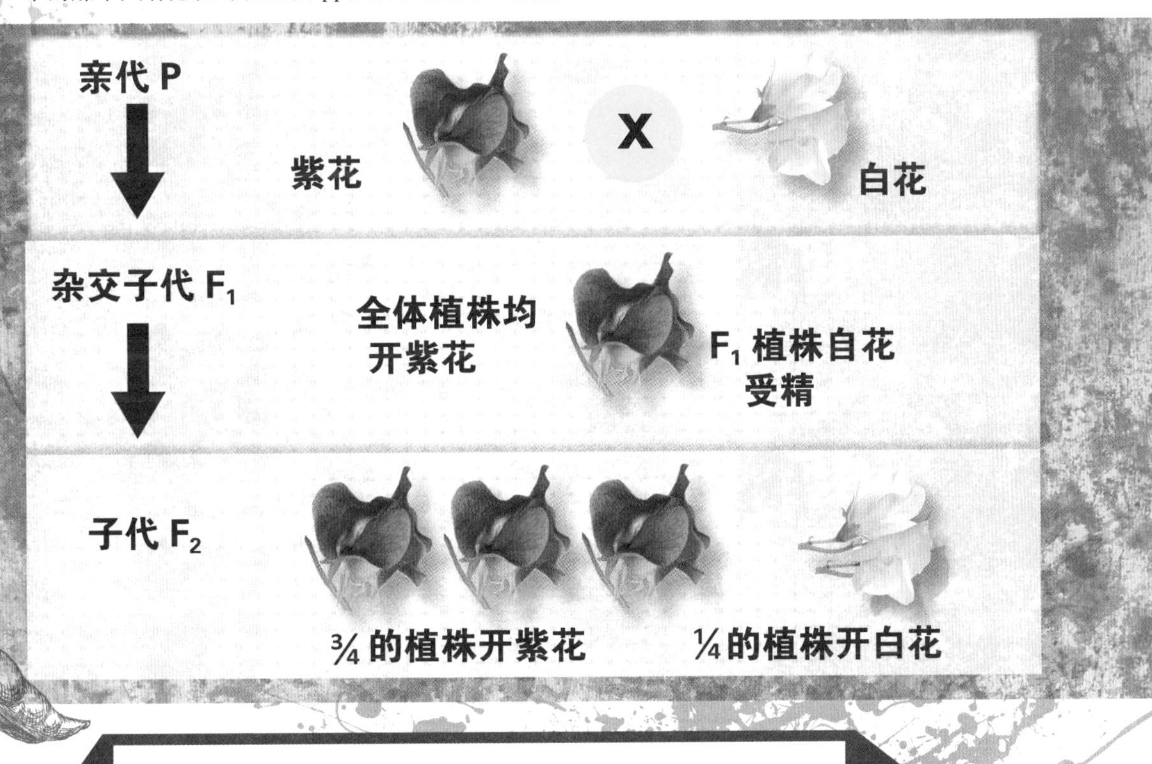

3. 一分钟记忆

格雷戈尔·孟德尔被公认为认识到亲代传递离散信息片段给子代现象的第一人。

事实上，也是他实际上确认了基因的存在。

No.17 遗传的染色体学说 遗传学如何成为了主流科学

1. 多维度看全

格雷戈尔·孟德尔在 19 世纪 60 年代就提出了子代从亲代那里继承离散信息片段（现在科学家们称之为基因）的观点，但直到 40 年后还是没有得到科学界的重视。尤其是孟德尔理论还没有一个明确的机制来阐释个体如何能够从双亲处各获取它一半基因。最后，科学家们认识到，是染色体提供了这种机制。

19 世纪，显微镜的质量有了大幅提升，这使得科学家们能够确认，在许多细胞内部还有一个更小的结构——细胞核。进一步的观察结果显示，就在细胞分裂的那一刻，可以看到细胞核内部的一些神秘的丝状物质。这些丝状物质后来被称作染色体。

特奥多尔·博韦里（1862—1915）

19 世纪 80 年代，特奥多尔·博韦里开始着手研究染色体，并确信染色体在遗传过程中肯定扮演了某种角色。在他最具重大意义的发现成果中，有一部分和海胆籽有关。海胆卵细胞有时可以和两个精细胞而非标准的单个精细胞结合而受精：博韦里发现，通常这种受精卵携带的染色体条数比健康的海胆细胞所携带的 36 条染色体要多一些。然而，海胆卵细胞在与两个精细胞结合受精之后却没能正常发育。这个发现表明，只有当受精卵携带着从双亲处获取的相同数量的染色体时，胚胎才能健康发育。

几年之后，孟德尔论述遗传的文章被学界重拾。博韦里认识到，自己的染色体研究和孟德尔的观点是一致的，特别是他推断出了孟德尔的“遗传因子”（基因）也许就在染色体上。大约就在同一时间，一位名叫沃尔特·萨顿的科学家也得出了类似的结论。

1915 年，托马斯·亨特·摩尔根将所有的这些谜团碎片组合在一起，写成了一本很有影响力的著作，基因研究也随之从边缘科学变为了主流科学。

当细胞分裂时，染色体聚集起来，在标准显微镜下可见。

2. 关键点梳理

有机体的细胞内部携带两份染色体。假设基因附着于染色体上，那么有机体就携带两份基因——这正如孟德尔所料。然而，在有性繁殖的过程中出现了一些不寻常的现象：精细胞和卵细胞都只携带了单份染色体。它们在结合受精后产生出来的受精卵就会如同孟德尔所推理的那样，携带一份来自母本的基因和一份来自父本的基因。

参考阅读 //
No. 16 孟德尔遗传定律，第 36 页

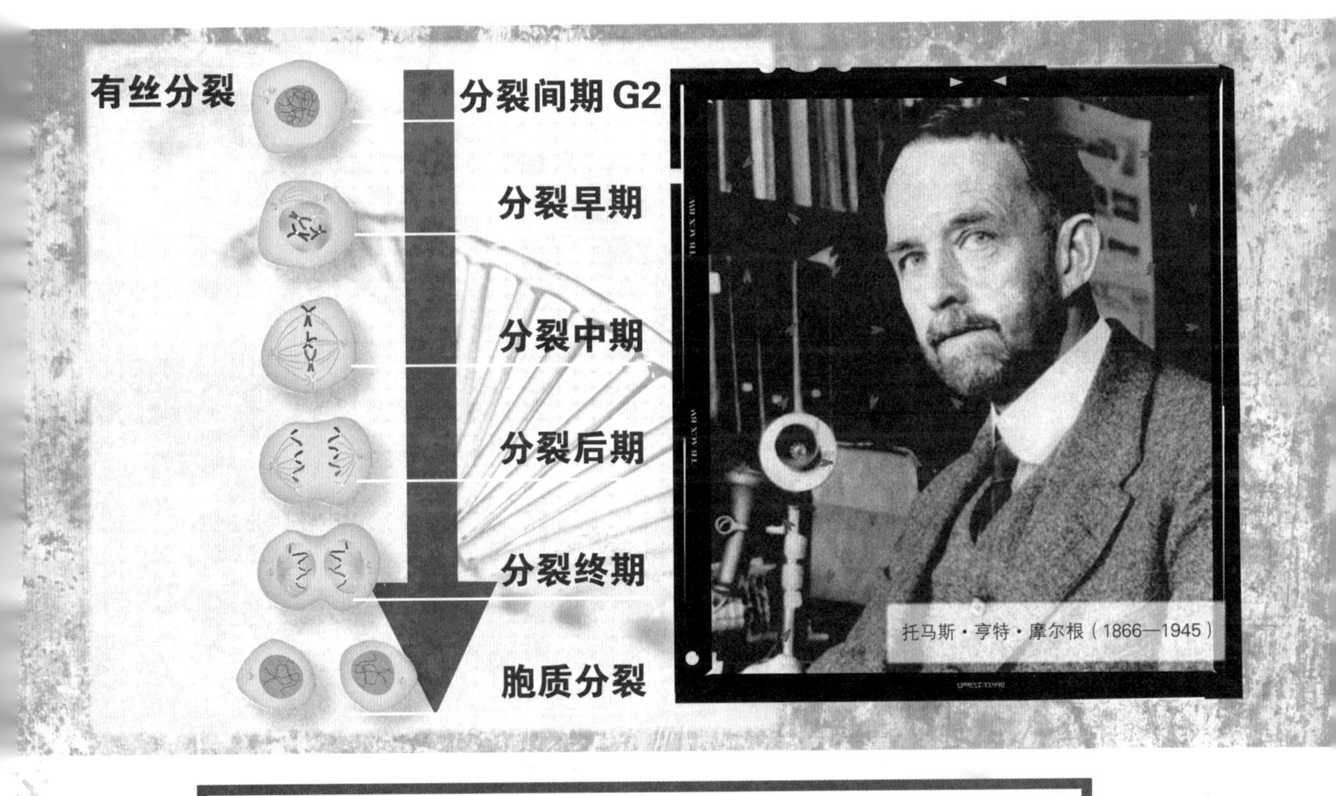

托马斯・亨特・摩尔根（1866—1945）

3. 一分钟记忆

在细胞分裂的时候，染色体中的基因会聚集得更加紧密，这意味着此时在标准显微镜下可以观察到染色体。

研究染色体行为令生物学家们开始洞察到基因遗传的机制。

No.18

休厄尔·赖特（1889—1988）

遗传漂移过程

运气在进化中扮演的角色

1. 多维度看全

20世纪20年代，生物学家们开始将查尔斯·达尔文的自然选择论和格雷戈尔·孟德尔的遗传定律结合在一起。结合之后他们却发现，进化过程也许比很多人所预计的更具有随机性。

当休厄尔·赖特在思考有机体种群在基因层面上如何表现的时候，问题就产生了。赖特的大多数同行认为，拥有最多后代的个体将会是那些携带最能适应环境的特征（和基因）的个体。赖特则提出，简单随机性可能也应该被考虑进去。

他认为，这种情况十分有可能发生在一个个体能在该种群的未来进化方式上产生更多影响的小型种群之中。假设一个有机体“交了好运”，拥有两倍于其基因品种预计产生后代数量的后代，那么它的DNA在下一代中会更普遍。不是因为这种DNA带来了好处，而是随机性作用的结果。如果这种情况一代代发生下去，从整体来看可能会对该种群甚至整个物种的进化进程产生一定的影响。赖特将这个过程称为遗传漂移。

赖特的理论点燃了一场激烈的辩论。包括罗纳德·费舍尔在内的他的一些同行，虽然认同遗传漂移出现的可能性，但仍坚定不移地支持进化主要由自然选择驱动的观点。到了20世纪60年代，赖特的理论得到了宣扬。木村资生从数学的角度提出，随机漂移在进化过程中肯定是非常重要的。直到今天，在驱动进化方面遗传漂移和自然选择哪一个比较重要这个问题上，科学家们仍未达成一致。

随机好运可能会把某些物种置于灭绝的境地。

2. 关键点梳理

遗传漂移表明，进化甚至比达尔文预想的更具随机性。想象一个动物种群的基因出现了两种方式的变异：一种令它的携带者受益，另一种则令携带者的生命面临更多威胁。照此逻辑，有利的变异应日益增多，不利的变异应日益减少。然而，在纯属偶然的情况下，所有“受益”的携带者可能会在某天聚集在一个山谷之中，遭遇一场熔岩流。少数“受拖累”的携带者幸存下来，然后这些少数派的基因随着种群的恢复而变得流行起来。不利基因的“胜利”不是因为它给携带者带来了优势（事实上也并没有），而仅仅是因为该类基因的携带者在某些境遇中交了好运。

参考阅读 //
No. 5 现代综合进化论，第14页
No. 9 间断平衡论，第22页

3. 一分钟记忆

某些个体拥有有效的性生活（从而将基因传递下去），不是因为他们生来具有有益的适应性，而是因为交到了随机好运。

这就是幸者生存而不是适者生存了。

No.19
双螺旋模型
终于可以理解什么是 DNA 了

1. 多维度看全

20 世纪 50 年代早期，一些科学家非正式地参与了一场争相求解 DNA 分子外貌的疯狂竞赛。弗朗西斯 · 克里克和詹姆斯 · 沃森这两位科学家赢得了比赛，从此扬名世界。

针对 DNA 的研究可以追溯到 19 世纪。就在达尔文发表《物种起源》十年之后，弗雷德里希 · 米歇尔找到了这种（遗传）分子。虽然该发现的重要性在数十年间未受赏识，但这并不足为奇，因为很少有科学家会想到 DNA 参与了遗传。换言之，几乎没人想到基因被编码进了 DNA。

詹姆斯 · 沃森（1928—　）

1944 年，当奥斯瓦尔德 · 埃弗里给出强有力的证据证明基因确实由 DNA 构成时，许多人大吃了一惊。科学家们突然领悟到，他们需要弄清楚 DNA 的精确结构来充分理解遗传。

1950 年，埃尔文 · 查戈夫做出了一个重大贡献：他发现了 DNA 内部被称为“碱基”的结构是平衡的。在任何给定的 DNA 分子中，名为腺嘌呤的碱基数量和名为胸腺嘧啶的碱基数量都是大致相等的，而鸟嘌呤的数量和胞嘧啶的数量也是大致相等的。

不出三年，克里克和沃森就提出了一个 DNA 结构模型来解释查戈夫的观察结果。在很大程度上借鉴了罗莎琳德 · 富兰克林、莫里斯 · 威尔金斯及莱纳斯 · 鲍林等人的研究之后，克里克和沃森又提出了著名的 DNA 双螺旋结构模型。进化中最核心的分子终于能够被人们理解了。

求解 DNA 结构之谜竞赛中的三个重要人物

2. 关键点梳理

克里克和沃森的DNA双螺旋结构模型是世界最为著名的科学形象之一。不仅是因为双螺旋结构看起来简洁明了，还因为它解释了基因是如何被复制和传递给下一代的。这个模型看起来像是一把扭曲的梯子，它的阶梯由成对的DNA“碱基”组成，其中腺嘌呤总是和胸腺嘧啶组成一对（A-T），胞嘧啶总是和鸟嘌呤组成一对（C-G）。重点是，如果DNA把自己“像拉拉链一样拉开”，就断开了每一对A-T和C-G碱基的组合。当DNA分子被分为两半后，半个分子还可以发挥支架作用来构建缺少的另一半——DNA的结构完美地适用于自我复制。

参考阅读 //
No. 12 水平基因转移，第28页

弗朗西斯·克里克（1916—2004）

罗莎琳德·富兰克林（1920—1958）

3. 一分钟记忆

克里克和沃森没有发现DNA，但是他们的双螺旋结构模型的确解开了自达尔文时代就存在的一个谜团。

通过演示DNA如何复制自身，他们向遗传学提供了一套解释遗传的方案。

No.20 分子钟假说

测量进化的时间

1. 多维度看全

1960 年，莱纳斯·鲍林受邀提交一篇论文，收录到一本庆祝阿尔伯特·圣－捷尔吉（Albert Szent-Gyorgyi）研究成果（他在 20 世纪 30 年代发现了维生素 C）的特刊书稿中。鲍林和他的同事埃米尔·祖卡坎德尔（Emile Zuckerkandl）在这篇论文中提出了一个使进化科学发生变革的观点。

莱纳斯·鲍林（1901—1994）

鲍林和祖卡坎德尔修正了自 20 世纪初期以来的一种思想，即生物细胞内部的复杂分子（蛋白质和 DNA）会持续逐渐改变它们的外貌。这两位科学家意识到，这些分子实际上是时钟，可以帮助他们弄清楚两个细胞——或者更有效地说，两个物种——最近一次拥有共同祖先的时间。

这是一个卓越非凡又颇具争议的理论。当时，大多数科学家都认为，只有通过化石记录才可以确定史前新物种首次出现的时间。而鲍林和祖卡坎德尔竟敢提出，活的有机体内部的分子同样可以发挥化石记录的作用。更麻烦的是，当这两位科学家用他们的理论来计算人类和大猩猩从同一祖先分化的时间点时，他们得出的结果是 1100 万年前，而这与当时化石记录的解读结果是不一致的。

然而，随着时间的推移，更多的化石被发掘出来，鲍林和祖卡坎德尔提出的“1100 万年”很显然能说得通了。分子钟假说通过了一场关键的考验，现在已被普遍接受了。

被多次基因变异（核苷酸置换）分离的两个物种在很久以前最后一次拥有一个共同的祖先。

2. 关键点梳理

像 DNA 这样的复杂有机体分子是很脆弱的。当细胞分裂及 DNA 复制的时候，几乎不可避免地会积累一些小小的差错。就像玩传话或打电话游戏一样，随着复制次数的增加，差错也会积累得越来越多。假定差错积累速度大致恒定，鲍林和祖卡坎德尔的分子钟就会起作用。这意味着，如果两个物种最后一次拥有共同祖先是在 1000 万年前，将他们的 DNA 做比较得出的差错，正是将在 500 万年前最后一次拥有共同祖先的两个物种的 DNA 进行比对得出的差错的两倍。

参考阅读 //
No. 22 线粒体夏娃假说，第 48 页

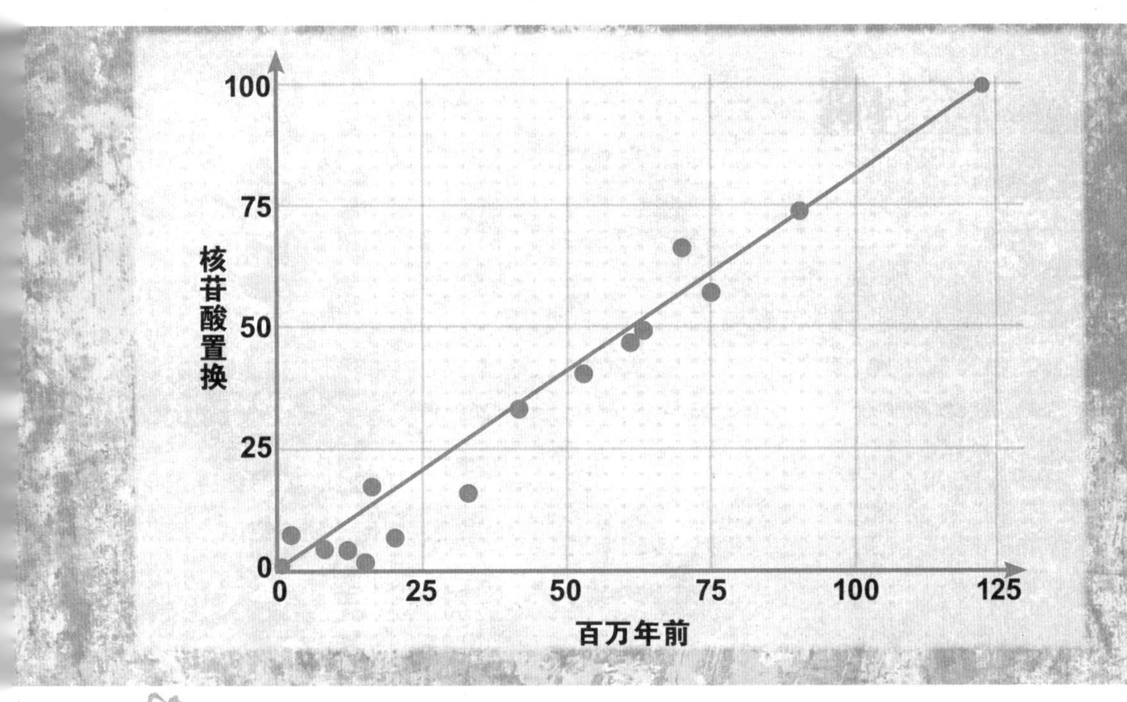

3. 一分钟记忆

科学家们曾经以为，只有化石可以揭示史前物种分化的时间。

分子钟理论使得生物学家们能利用活着的动物作为探索史前的另一种手段。

No.21

理查德·道金斯（1941— ）

自私基因理论

研究进化的一个新视角

1. 多维度看全

1976年，理查德·道金斯出版了一本著作，它就像查尔斯·达尔文的《物种起源》一样，既为作者笼络了大批的普通读者和专业读者，又影响了科学研究的前进方向。这本书就是《自私的基因》。

那场始于19世纪60年代，由格雷戈尔·孟德尔的遗传学研究开启的科学之旅最终的结果，就是《自私的基因》。到20世纪30年代，科学家们已经认识到孟德尔研究对进化科学发展的重要意义——它认识到信息（基因）基本不变地代代相传。

更进一步的重大突破出现在20世纪40年代和50年代。遗传学家们确定了DNA分子是遗传的原因，这一点强有力地表明了基因被编码进DNA的事实。他们还精确解决了当新的细胞或新的有机体产生的时候DNA怎样忠实复制自身的问题。

所有这些发现引起了包括乔治·威廉姆斯及约翰·梅纳德·史密斯在内的一批科学家针对基因进化论的争论。他们从根本层面上提出，进化是为了基因而非物种的存活，当然更不是为了单个有机体的存活。经过数百万年的进化，无数的个体死亡了，无数的物种灭绝了，但基因存留了下来。这种思维方式帮助解释了一些另类的生物现象，如利他行为，并成为道金斯这部大作的中心主题。书中阐述的自私基因理论曾经是，并且现在也是十分具有影响力的。

皮划艇运动员提供了一种容易的方式来理解基因“自私”的本质。

2. 关键点梳理

借用道金斯的一个类比，我们想象，一个奥林匹克皮划艇运动员的职业生涯代表地球上生命的历史。因为划船手要接受训练来提高其划艇技巧，所以他使用了许多不同种类的皮划艇。其中的一些皮划艇因在急流中使用得太频繁而破裂，另一些则被更新、更好的皮划艇替换下来。虽然体育记者们知道各种各样皮划艇的重要性，但他们也明白皮划艇所载的人（划船手本身）才是真正重要的。与此类似，对于记录地球上生命的历史来说，无论个体还是物种都不是真正重要的——真正重要的是从一个躯体转移到另一个躯体的基因。

参考阅读 //
No. 7 亲缘选择理论，第 18 页
No. 16 孟德尔遗传定律，第 36 页
No. 19 双螺旋模型，第 42 页

3. 一分钟记忆

基因并非真正地“自私”，因为它们并不是有意识地做出不为他人考虑的行为。然而，通过影响有机体的行为举止，它们的确在试图保证有机体自身的长期生存。

但从人类的角度来看，这种行为似乎就是为个人利益服务的。

No.22 线粒体夏娃假说

人类的“母系祖先”

1. 多维度看全

1987 年，丽贝卡·卡恩、马克·斯冬金和艾伦·威尔逊三位生物学家共同发表了一篇文章，该文中的暗示引发了公众的想象。他们分析了人类DNA的样本，继而提出了一个大胆的联想：活在今天的每一名男性、女性、未成年人，都从唯一的共同祖先处继承了一个特殊的 DNA 片段，这位祖先就是很久以前生活在非洲的一名女性。报社很喜欢这个理论，并将这个假说中的远古女性戏称为“夏娃”。

丽贝卡·卡恩（1951— ）

在这位独特的夏娃被人们发现之前，科学上至少出现过两次突破。20 世纪 50 年代，科学家们首次发现，人类细胞内部一种名为线粒体的小型结构带有它们自己的可独立于人类基因组运行的微型 DNA 片段。这种线粒体的 DNA 表现异于常态：当一个婴儿出生的时候，他就从母亲和父亲那里各继承他一半的人类基因组。然而，这个婴儿的线粒体 DNA 总是只来自于母亲一方。

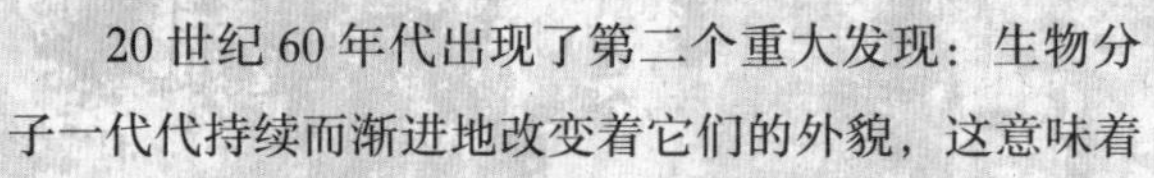

20 世纪 60 年代出现了第二个重大发现：生物分子一代代持续而渐进地改变着它们的外貌，这意味着遗传学家们可以仅凭数出他们 DNA 中细小的基因差异数量就可以计算出两个人最后一次拥有同一个祖先的时间。

这三位科学家分析了由全球 147 位女性自愿提供的线粒体 DNA 样本，随后建立了一个宏大的全球系谱图。他们发现，根据这份系谱图可追溯到大约 14 万年至 29 万年前的非洲。在那个时间窗口中的某一时刻，生活着一名女性，最终她随机把她的线粒体 DNA“给”了生活在今天的每一个人。威尔逊倾向于称呼这名女性为“幸运的母亲”。1987 年，在媒体的报道下，这个理论以一个更能唤起情感共鸣的名称让更多人知道了它：线粒体夏娃假说。

（淡蓝色）的线粒体携带着它们自有的DNA，以及它们自己的有关人类过去的故事。

2. 关键点梳理

通过类比的方法可以快速理解线粒体夏娃。想象一下你和你最好的朋友一起代表了全球所有的人类。你们分别携带着来自四位祖父母、八位曾祖父母等许多祖先的 DNA。然而，线粒体 DNA 是唯一的，因为它只通过母系代代相传。这就是说，你们分别携带的线粒体 DNA 都是仅从祖母、曾祖母以及更早的母系祖先处获得的。将你自己和你的好朋友的母系血缘追溯到足够遥远的时间，最终你会找到一名女性是她们共同的祖先。你和你的好朋友都不能将你们所有的 DNA 追溯到这名女性身上，因为你们分别都有大量其他曾曾曾……祖母和祖父。然而，这名女性的确最终将她的线粒体 DNA 传递给了你们，所以她就是你们共同的线粒体夏娃。

参考阅读 //
No. 13 内共生学说，第 30 页
No. 20 分子钟假说，第 44 页

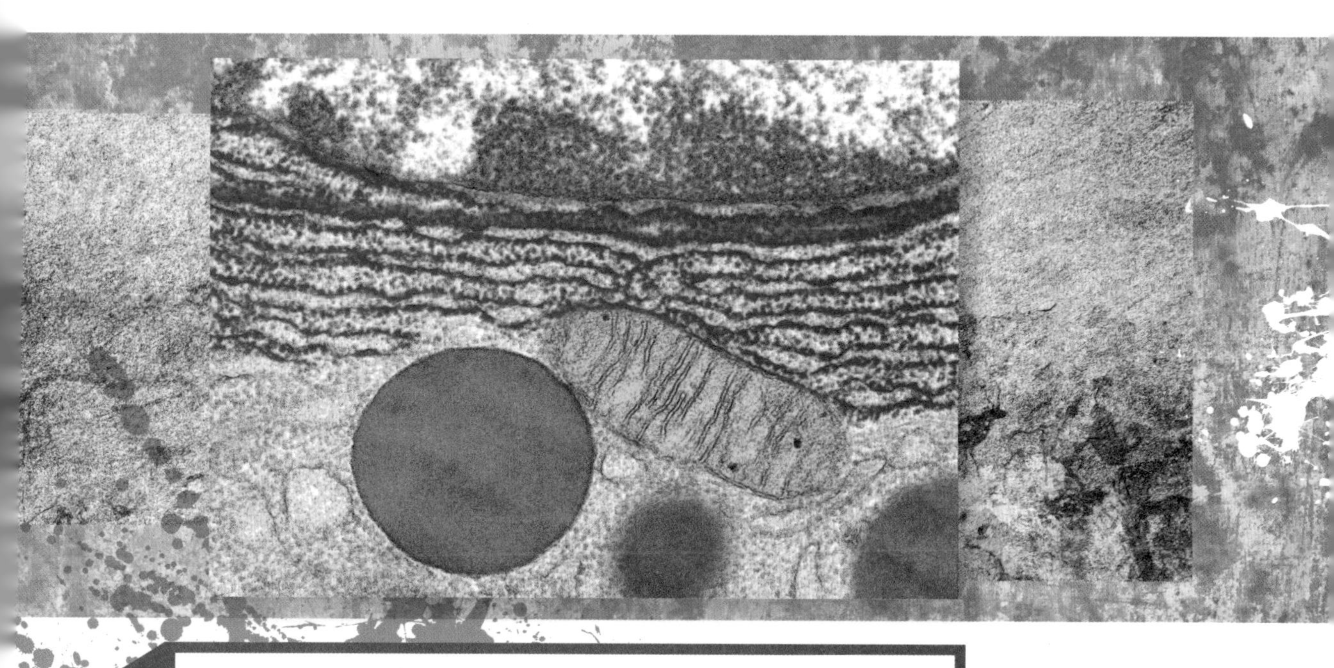

3. 一分钟记忆

尽管人类个体存在差异，我们确实属于同一个拥有相同远古祖先的全球家庭。线粒体夏娃就体现了这一思想。

她是将她的部分 DNA 给了生活在今天的每个人的一个史前个体。

No.23
RNA 世界假说
会是遗传学的黎明吗

1. 多维度看全

到 20 世纪后半叶，科学家们已经开始认识到，所有生物复制自身的系统已经达到了令人难以置信的复杂程度。它包含了三个不同类型的复杂有机分子：DNA（脱氧核糖核酸）、RNA（核糖核酸）和蛋白质。这个精密的系统给科学家们留下了一个谜团：这样一个复杂的系统最初到底是怎样形成的呢？

20 世纪 60 年代，莱斯利 · 奥格尔、弗朗西斯 · 克里克和其他少数生物学家提出，这个系统一定曾经有一个更简单的前身。在地球生命的黎明时期，肯定存在一个系统，在这个系统中仅有一种复杂分子参与复制。他们认为这个分子就是 RNA。

今天，RNA 似乎在复制过程中扮演了一个相对次要的角色。用来建立一个新有机体的遗传编码储存在 DNA 之中。这个编码被用来制作生物“砖块”——实际上就是构成有机体的蛋白质。RNA 在 DNA 和产生蛋白质的细胞机器之间运送遗传信息，它的角色似乎和信使没什么分别。但是奥格尔和克里克认为，在地球生命的最早期，RNA 发挥了更多的作用。

确切地说，研究人员提出的主张是，最终 RNA 将作为基因库（就像 DNA）和生物积木（就像蛋白质）发挥作用。他们所提的前半部分已经被证实了。RNA 可以携带遗传信息这一点是很清楚的，因为它在 DNA 和蛋白质生成器之间渡运着遗传指令。

多年以后，托马斯 · 切赫在 20 世纪 80 年代初证实了奥格尔和克里克所提主张的第二部分，他发现 RNA 的确可以像蛋白质一样运转。

虽然仅凭上述发现还不足以说服整个科学界相信生命始于 RNA，但这一观点依然是最先进的假说理论之一。1986 年，沃尔特 · 吉尔伯特在一篇评论文章中为它取了一个朗朗上口的名字。从那时候起，这个主张第一批活体生物仅通过 RNA 运转的理论就被称为 RNA 世界假说。

RNA 的分子结构表明，它原本可以帮助最早出现的生命体的构建和复制。

2. 关键点梳理

DNA 分子像一把微型的扭曲的梯子，而遗传密码就附着在梯子的梯级上。蛋白质却与前者大不相同：它们是大型的分子缠结，且能够折叠成复杂的三维形状，从而拥有了积木属性。RNA 同时拥有以上两种特性。它看起来有点像半个 DNA 分子，所以仍然携带着可储存遗传信息的“梯级”，但因为那些梯级只附着于一个而非两个“端点”之上，整个 RNA 分子就比 DNA 要灵活得多。这就意味着它也可以像蛋白质一样折叠成复杂的三维形状。换言之，RNA 既可以表现得有点像 DNA，又可以表现得有点像蛋白质。

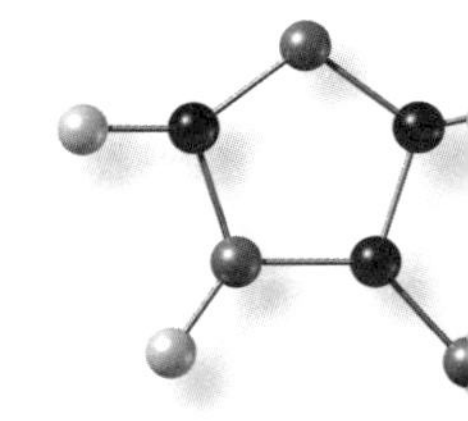

参考阅读 //
No. 14“露卡”假说，第 32 页
No. 100 有生源说，第 204 页

沃尔特·吉尔伯特（1932— ）

3. 一分钟记忆

要构建一个新的有机体，就需要一个由三个不同类型的特殊分子（DNA、RNA 和蛋白质）构成的复杂系统的参与。

但是最早出现的那批生物可能只用了 RNA 这个万金油来完成自身的复制。

No.24
垃圾 DNA 之谜
我们的细胞内部究竟在进行着什么活动

1. 多维度看全

到 20 世纪 70 年代初期，遗传学家们已经或多或少地弄清楚了有机体如何使用 DNA 来构建和复制自身的问题，但仍有一些谜团等待解开。例如托马斯（CA Thomas, Jr）就被这样一个现象弄糊涂了：相对简单的有机体含有的 DNA 数量有时候竟比相对复杂的有机体多得多。他将这个谜题称为 C 值悖论。大约在同一时间，大野秀夫（Susumu Ohno）宣布了一个颇具争议的答案：基因组的大小可能在以一种令人费解的方式变化着，因为细胞内部的大多数 DNA 实际上根本没有产生任何价值，这种 DNA 很可能就是垃圾 DNA。

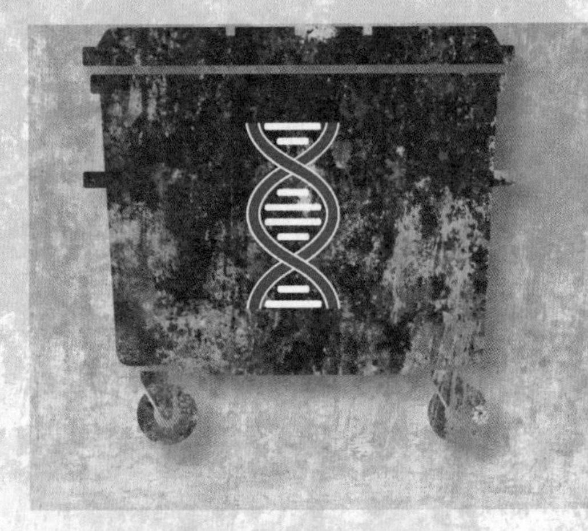

许多生物学家都对这个观点颇为不满。罗伊·约翰·布里顿（Roy John Britten）和大卫·克内（David Kohne）将之描述为一个“令人厌恶”的观点。毕竟，如果细胞内大量的 DNA 真的不产生任何作用，那么有机体应该在数百万年的进化后逐渐将这些垃圾 DNA 抛弃掉。

然而，到了 21 世纪初期，人们认识到这个观点可能是正确的。遗传学家耗费了数年时间来仔细“研读”人类基因组——一个帮助构建人类身躯的庞大的 DNA 分子。许多遗传学家假设，构建一具复杂的人体要求十万个不同的基因发挥作用，每一个基因进行“编码”来构建一个不同的蛋白质分子。而实际上，人类基因组已经被证明包含两万到三万个基因，并且这些基因累计仅达到了整个基因组的百分之一或百分之二。目前已证实，人类基因组中有大量成分不参与蛋白质编码，这的确令人震惊。我们身体里大多数的 DNA 是非编码的——而且许多生物学家都认为，其中很大一部分 DNA 仅仅就是垃圾 DNA 而已。

2. 关键点梳理

关于垃圾 DNA 的争论在生物学界从未停止。科学家们可能一致认同，人类基因组仅有极小一部分作为为蛋白质即生命积木编码的基因形式而存在。一些科学家认为，大多数抑或全体“非编码”DNA 仍然是重要的，因为它可能会帮助控制每一个细胞中的“编码”DNA 发挥作用的方式。然而，其他一些科学家认为，许多非编码 DNA 的确是没用的垃圾。因为这些垃圾 DNA 已经在我们体内积累了数百万年，而且并不需要大量“消耗”我们的细胞来打理，所以在进化过程中就没有将之去除掉。

我们的细胞内部有多少 DNA 是没用的垃圾呢?

参考阅读 //
No. 11 趋同进化过程，第 26 页

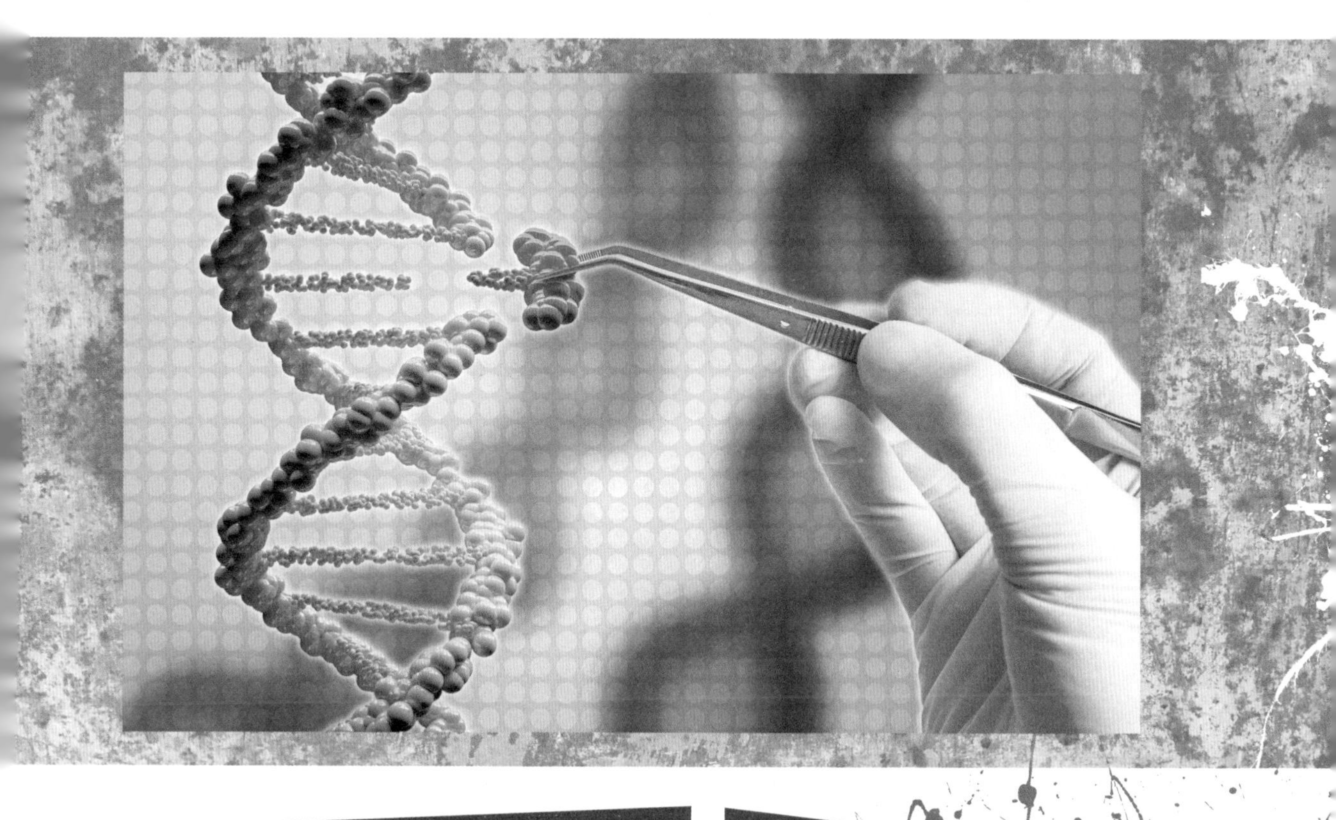

3. 一分钟记忆

进化是讲求实用的。如果小心翼翼地剥离与去除老旧无用的 DNA 比保持原状更麻烦，那么基因组必定会（选择保持原状而）积累大量的垃圾。

人类起源

No.25 失落的环节

为什么永远找不到

1. 多维度看全

查尔斯·达尔文在1859年出版了《物种起源》，阐释了自然选择允许一个“亲代”物种进化成两个及以上新的“女儿”物种的观点。起初，达尔文避免将他关于物种形成的观点应用于人类，可能是怕引起争议。他的同行托马斯·赫胥黎却没有这样的顾虑。后者在1863年出版了一本著作，展现了他对人类在动物王国中所处的地位进行的思考。

赫胥黎指出，从解剖学上来说，人类和黑猩猩及大猩猩是非常相似的。他提出，以上三者或许都是同一个亲代物种的后代（虽然今天科学家们一致认为，大猩猩和人类的亲缘关系较黑猩猩和人类的稍远）。科学家们将这个假说中的亲代物种称为“最后的共同祖先”。它还有一个科学意味不那么强的称呼：失落的环节。

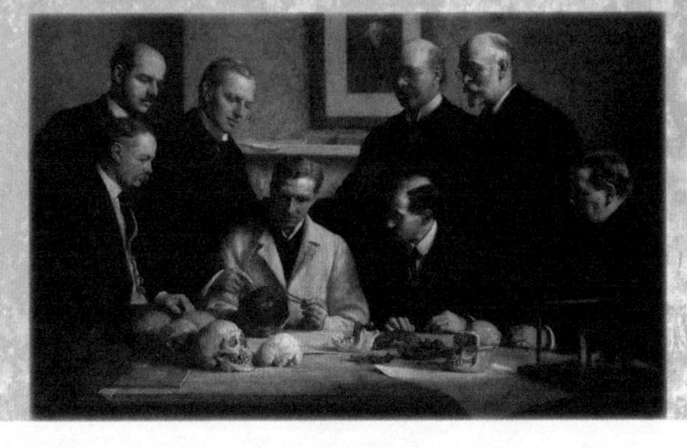

在历史上有段时间里，大多数人都认为世界上存在着一个不断合并着上至诸神，下至石块的所有物质和生命的巨大链条。“失落的环节”这一术语可能就是这么来的。在这个链条模型中，人类超越了其他动物而处在链条的最顶端，所以弥合了已知动物和人类之间鸿沟的那个物种一定就是链条上缺失的一环。

然而，这种思维方式是存在缺陷的，因为它让人们将失落的环节看作黑猩猩向人类的一种进化。蒂姆·怀特和他的同事在20世纪90年代发现了一个化石物种，该物种表明，失落的环节或许既没那么像黑猩猩，也没那么像人类。生活在440万年前的地猿被许多科学家视为人类的祖先。其解剖结构显示，它大部分时间是在丛林中生活，这一点和人类并不相似；同时该物种缺乏在树枝间飞跃所必需的一些特征，所以和黑猩猩也不一样。

和假的皮尔丹人化石（上图）不同的是，地猿（最右图）提供了关于“失落的环节”的新信息。

2. 关键点梳理

达尔文对自然世界的宏观看法提示我们，包括人类在内的所有现存物种之间都是有联系的。科学家们渐渐明白，人类与黑猩猩（从遗传学和解剖学角度来说）是最为相似的。在非洲已经发现了最早的一批类人化石。这些化石距今已有700万年，这表示人类正是在此时间点前从黑猩猩这一支中分裂了出去。然而，尽管知道在哪里和在哪个时间段（即形成于大约700万年前的非洲岩层中）去寻找这失落的一环，科学家们仍然很有可能找不到这种动物，因为在这样古老的岩层中，类人猿化石的数量是非常少的。

参考阅读 //
No. 1 自然选择进化论，第6页
No. 14 "露卡" 假说，第32页

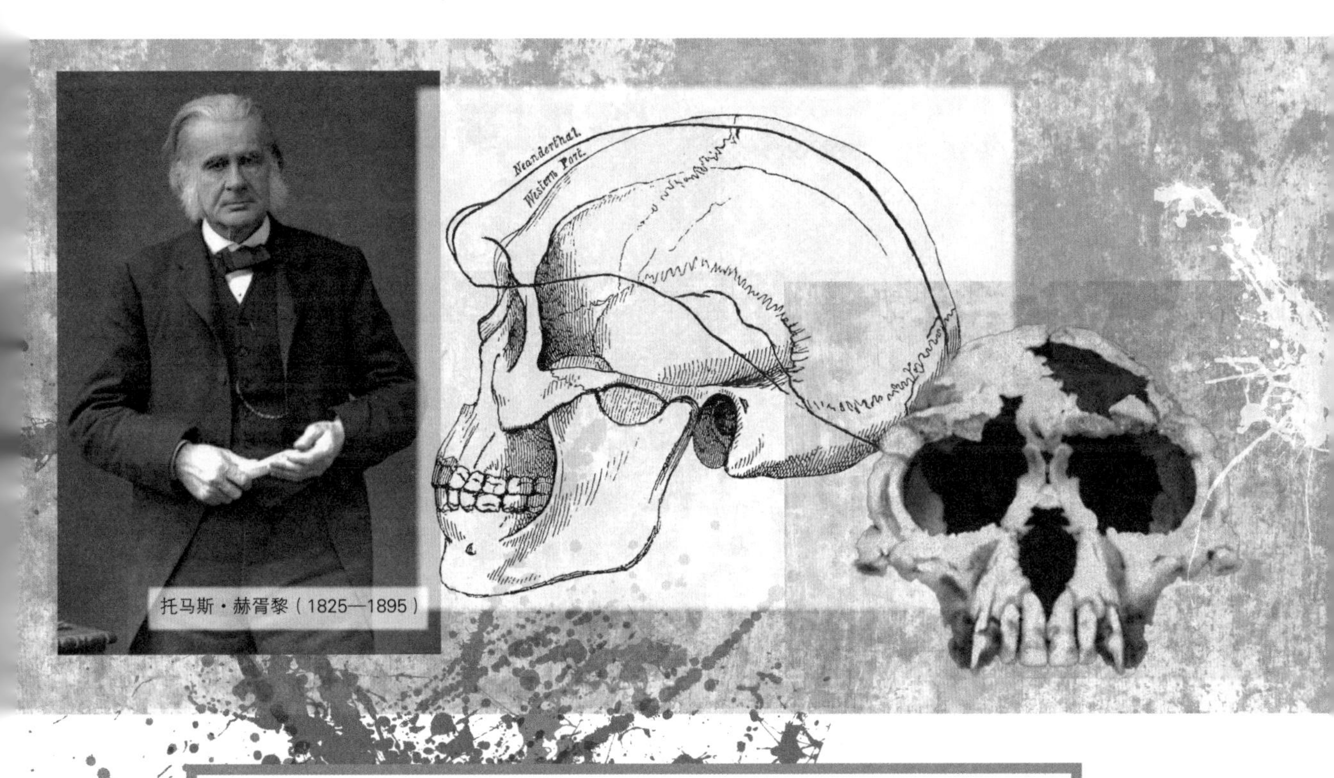

托马斯·赫胥黎（1825—1895）

3. 一分钟记忆

进化族谱和我们的个人族谱差不多，只是它的规模要大得多。生物学家们将人类和黑猩猩看作被同一个祖先物种创造出来的兄弟姐妹。

这个祖先便是失落的那一环。

No.26 醉猴假说 酗酒会带来进化上的好处吗

1. 多维度看全

到了 21 世纪初期，一些生物学家和医生已经开始尝试从进化的角度来理解人类健康。从进化角度来理解上瘾也说得通：我们这个物种在过去的进化过程中极少接触到致幻药物，这种情况或许使我们现在更容易滥用这些药物。罗伯特 · 达德利提出，有一种药物可以打破这个规则。

人类属于灵长类动物。科学家根据化石记录了解到，水果是灵长类数百万年来日常饮食的一部分，即使在灵长类通常栖息的丛林之中，水果相对难找到，并且当树木挂果后，那些美味的成熟果子会迅速开始腐烂。

不过，根据达德利的说法，有可能关键就在这里。当果子腐烂并发酵时，它的糖分就会转化为酒精，然后挥发。被酒精的气味所吸引而循迹找到仍有少量成熟水果的树林或许能让灵长类动物获得进化上面的优势。达德利提出，事实上，既然成熟的水果含有一些酒精，学着享受摄取酒精对灵长类动物来说也许能带来一些益处——这也会让它们在吃成熟水果的过程中沉溺于酒精的致幻效果之中。

达德利的醉猴假说不是没有遭受过批评，但一些遗传学证据显示，他才可能是站在正确轨道上的那一方。2014 年，马修 · 卡里根和他的同事发现，大约 1000 万年前的一个基因突变帮助了我们的远古祖先大幅度提高了对食物中酒精的分解效率。该发现与在史前痛饮有益的观点不谋而合。

我们对酒精的喜爱或许有着很深的历史渊源。

2. 关键点梳理

数百万年前，寻觅到足够多的高质量食物对我们的祖先来说是一个艰巨的挑战。达德利提出，酒精（香气和滋味）或许已经成为一条重要的线索——使我们的祖先警觉到可能会有一顿营养大餐即将到来。在这种前提下，人类可能会倾向于消费尽可能多的酒精，因为我们的身体仍然在“含酒精的食物属于珍稀犒赏”这一假设下运转。可问题是，如今酒精可以轻易获得。

参考阅读 //
No. 30 分娩困境，第 64 页

3. 一分钟记忆

醉猴假说从历史（史前）的角度来研究一个现代问题。虽然在今天的社会中，对酒精的热爱会产生不良后果，但是在我们祖先所居住的那片丛林中，这种热爱可能会带来一些好处。

No.27

草原假说

为什么我们会直立行走

1. 多维度看全

人类是类人猿的一种，但我们的外表和行为在许多方面与黑猩猩和大猩猩截然不同。数百年来，生物学家们一直尝试解释人类物种开始直立行走的原因。在大部分的时间里，热带大草原这一概念对科学家来说都很重要。

让－巴蒂斯特·拉马克在1809年提出，我们的远古祖先原本生活在丛林中，由于一些未知情况的驱使，他们离开丛林，进入广阔的草原，并适应了新的生活。查尔斯·达尔文也认为这种情况是有可能的，并在60年后做出了一个推断：可能是环境变化导致森林覆盖面积减少，使人类祖先迁徙到草原生活；由于无树可攀，于是我们的祖先选择使用双腿直立行走。

这些理论从直觉上来说似乎是非常能说得通的，何况还是出自如此受人尊敬的科学界大人物之口，所以很多生物学家都觉得根本没有必要将它描述为一个科学假说。然而，阿利斯特·哈代在1960年提出了一个不同的说法。他认为，人类缺少毛发、拥有皮下脂肪层以及天生会在水下游泳等特征对于研究具有重大意义。这些特征通常出现于水生哺乳动物身上，由此推断，我们的进化过程有很大一部分应该发生于河流或者湖泊深处，而非丛林之中或者草原之上，我们身上的一些特征其实是适应水下生活的结果。这个理论后来被称为水猿假说。

虽然哈代的理论仅获得了极少数科学家的支持，但可以说它的确使科学家们认识到，他们需要将“丛林到草原”这一模式用更正式的术语表述出来。到20世纪晚期，草原假说作为对我们不同寻常的双足行走方式起源的标准解释诞生了。

远古足迹显示，我们的祖先可能为了适应草原生活，在数百万年前就开始使用双腿直立行走了。

2. 关键点梳理

虽然草原假说很流行，但有一些科学家还是担心，它可能更像一个杜撰的故事，而非可以检验真伪的理论。例如，根据假说，我们的祖先为了更好地在广阔的平原上观察掠食者（的动向）而开始直立行走，从而解放了双手来完成新的任务（像是制作工具等），这就可能导致进化出容量更大的大脑来更充分地利用这些工具，但这种说法很大程度上仅仅是一种猜测。令草原假说的支持者们担心的是，最近发掘出的化石证据表明，我们的祖先在开始用双腿直立行走的时候仍然居住于丛林环境中。不久的将来，草原假说或许会被推翻。

参考阅读 //
No. 25 失落的环节，第 54 页

3. 一分钟记忆

草原假说是一个流行的（但大部分内容属于猜测）的理论：

我们的祖先为了在恶劣的草原环境中生存下去而不得不使用双腿直立行走。

No.28 祖母假说

为祖母喝彩

1. 多维度看全

乔治 · 克里斯托弗 · 威廉姆斯在 1957 年发表了一篇极具影响力的文章，文中提出，身体退化会随着年龄的增长而不可避免地出现。此外，威廉姆斯还研究了绝经现象。大多数物种可以持续繁殖直至生命晚期，人类却迥然不同——人类女性通常在 40 出头的年纪便会进入长达数十年的后繁殖时期。这是怎么回事呢?

威廉姆斯表示，应当将绝经现象放到养育孩子需要花费较长时间的背景下来看待。在某些情况下，一名女性选择集中精力来照顾她现有的孩子而非生育更多的孩子，这一点从进化角度上是说得通的。

克里斯汀 · 霍克斯和她的同事在 1989 年出版了一部著作，将威廉姆斯的研究往前推了一步。他们花时间研究了居住于（东非）坦桑尼亚的土著人群——哈扎人，从而了解到绝经后的女性通常会比育龄女性为采集食物付出更多。

霍克斯和同事们提出，绝经后的女性扮演了一个至关重要的角色。她们的成年子女（尤其是女儿）因为忙于照顾婴孩而无暇采集足够多的食物，所以会分享其母亲所采集的食物。如果祖母们提高了其孙辈的生存机会，那么她们对人口增长就产生了重要影响。假如这些孙辈携带祖母的长寿基因，他们也可能活到老年，这反过来又强化了祖母的作用。由此，祖母假说诞生了。

虽然这个理论极具影响力，但也不是没有收到过批评的声音。目前还有一点是不明确的：人类寿命是在何时延长到祖母们绝经后还能保持活跃多年的程度的？一些研究学者认为，这种寿命延长的现象相对来说出现得较晚，所以祖母不能被当作人类进化过程中使婴幼儿存活的一个关键因素。

一名女性通过发挥“祖母作用”甚至可以在年过半百的时候影响其人口增长。

2. 关键点梳理

对于母亲们来说，养育孩子是一项长期而艰巨的任务（这一点在传统社会中尤为显著），因为她们必须尽量兼顾照顾孩子的责任和采集食物的任务。霍克斯和她的同事们认为，在人类进化的早期，（年轻的）母亲们会依靠她们的母亲来获取更多的帮助。寿命最长、精力最旺盛的祖母们会是最得力的帮手，因此她们的子女及（毕生携带其祖母长寿基因的）孙辈子女也是最有可能存活下来的。渐渐地，人类便进化出更长的寿命。

参考阅读 //
No. 7 亲缘选择理论，第18页
No. 22 线粒体夏娃假说，第48页

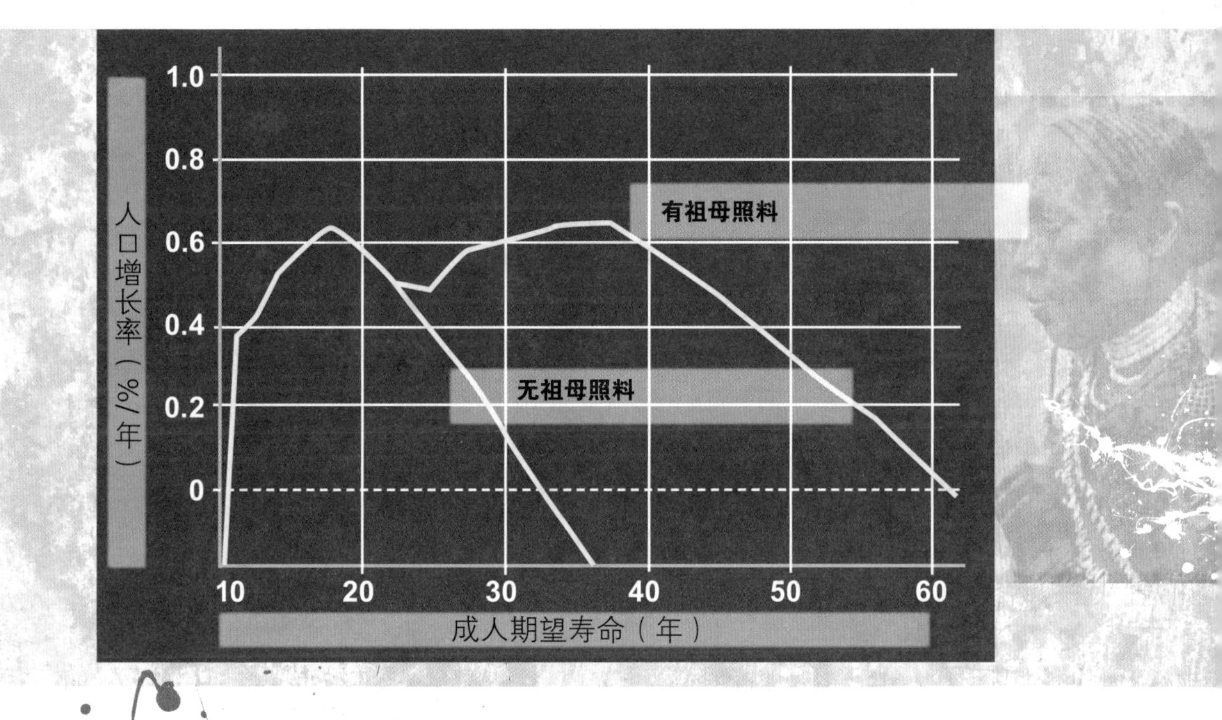

3. 一分钟记忆

人类祖母的年龄通常是超过育龄的，但是祖母假说提出，祖母的重要性贯穿了人类的整个进化过程。

通过搜寻食物，她们有可能提高了其孙辈子女茁壮成长的概率。

No.29

理查德·兰厄姆（1948—　）

烹饪假说

是火的应用让我们成为了真正的人类吗

1. 多维度看全

1999年，理查德·兰厄姆对为何我们早期祖先会发育出容量更大、结构更复杂的大脑提出了一个全新的、富有争议性的解释：出现这样的发育纯粹是因为我们的祖先学会了烹饪。

人类的进化故事充满了未解之谜，其中最重要的谜题之一便是，为何我们的祖先在已经适应了在相对开阔的草原生活的数百万年之后，突然开始改变其外表和行为。被称为南方古猿的早期“像类人猿”的物种可以像我们一样直立行走和使用工具，但它们仍然保留着黑猩猩那样强壮的手臂、巨大的牙齿及容量较小的大脑。第一批“真正”的人类出现在大约200万年前，他们看起来与前者大不相同：这些人类拥有更短的手臂、更小的牙齿和容量更大的大脑。

兰厄姆认为，触发这种进化事件的是对火的控制和使用，尤其是由此而来的一个重大发明——烹饪。他认为，这种早期的烹饪革命引起了人类身体运转方式的巨大变化，并且使得人类的脑容量变得更大。

在过去的15年间，兰厄姆和他的同事收集了大量的证据来支持这个烹饪假说，但仍有一个重要问题未得到解决：该理论预测，科学家们会在有200万年历史的考古遗址中找到早期祖先控制和使用火的证据，但到目前为止，仅有间接证据证明火的控制和使用发生在100万年前，而确凿证据则证明该行为出现在70万年前。

触发进化出人类的可能是烹饪的发明。

2. 关键点梳理

咀嚼和消化含纤维的植物和生肉是一种挑战。从根本上来说，烹饪是一种对还没入口的食物进行预先消化的方式，因此学会烹饪的人类便不再需要长出巨大的牙齿和强有力的颌来进行用力咀嚼。在肠道中则发生了更重要的变化：与和人类体型大小相当的动物相比，我们的肠子较短，可能是因为煮熟的食物更容易被吸收进血液。如果早期人类进化出更短的肠子，就能释放出能量来促进身体其他部位（包括大脑）的生长发育。

参考阅读 //
No. 27 草原假说，第 58 页

3. 一分钟记忆

究竟是什么让我们成为了人类？科学家和哲学家们在艰难地尝试阐明。

答案或许会令人人吃一惊：烹饪。

No.30

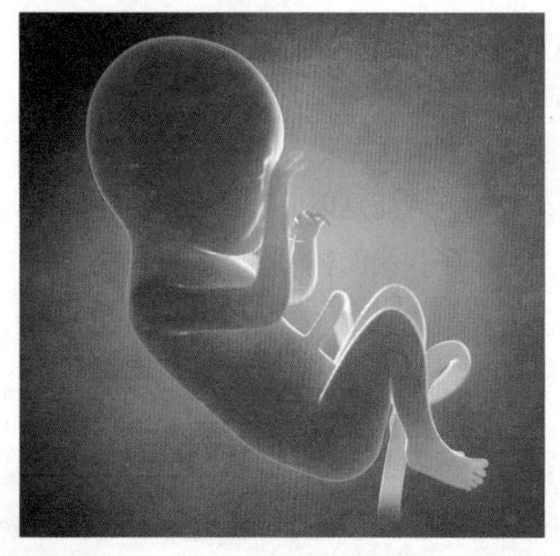

分娩困境

对生产疼痛的解释

1. 多维度看全

生命最基本的特征之一就是分娩，但对于人类而言，生孩子的过程，在最好的情况下也会引发痛苦，而在最坏的情况下则可能致命（对于母亲和孩子来说都是如此）。当科学家们开始真正审视整个哺乳动物界的分娩情况时，他们发现，人类的分娩过程似乎比大多数物种都要艰难。舍伍德·沃什伯恩在20世纪60年代解释了该现象。

在仔细研究了人类物种的特征后，沃什伯恩指出，和其他类人猿不同，人类最适合用两条腿直立行走。当我们的祖先成为更加老练的工具制造者时，他们获得了另一个人类独有的特征——一个超大容量的大脑。

沃什伯恩提出，在人类的进化过程中，以上两个特征从本质上来说是相互排斥的。直立行走的动作使人类骨盆进行了重组，从而产生了压缩产道的不良后果。同时，大容量大脑的出现要求人类胎儿在出生之前就要发育出较大的头部。进化“选择”了这两个特征，是因为它们都对人类的兴盛颇有裨益。

但在分娩过程中，这两个特征起了冲突：女性进化出狭窄产道的同时，她们的胎儿也在进化出更大的头部，因此分娩成了一件艰难而痛苦的事情。这一特征从人类进化早期一直延续至今。沃什伯恩将其描述为分娩困境。

尽管这个理论非常流行，但随着对分娩过程理解的进一步深入，一些科学家开始对沃什伯恩略嫌简单的假说产生了疑问。例如，已有的证据显示，拥有较宽臀部从而更易分娩的女性使用双腿直立行走，和拥有较窄臀部的女性一样灵活、高效。

2. 关键点梳理

自然选择像一种无形的力量，用某种方式推动各个物种外表和行为发生着变化。例如，它促使羚羊长出更修长、更发达的四肢，由此增大了逃脱天敌追捕的可能性。沃什伯恩提出，在人类的分娩过程中，自然选择实际上同时在两个对立方向上有效推进：如果我们的祖先生来拥有较大的头部，并且发育出较窄的骨盆，那么他们就更有可能生存下来，分娩的痛苦也就出现了。

人类分娩的痛苦可能出现于数百万年前。

参考阅读 //
No. 27 草原假说，第 58 页
No. 29 烹饪假说，第 62 页

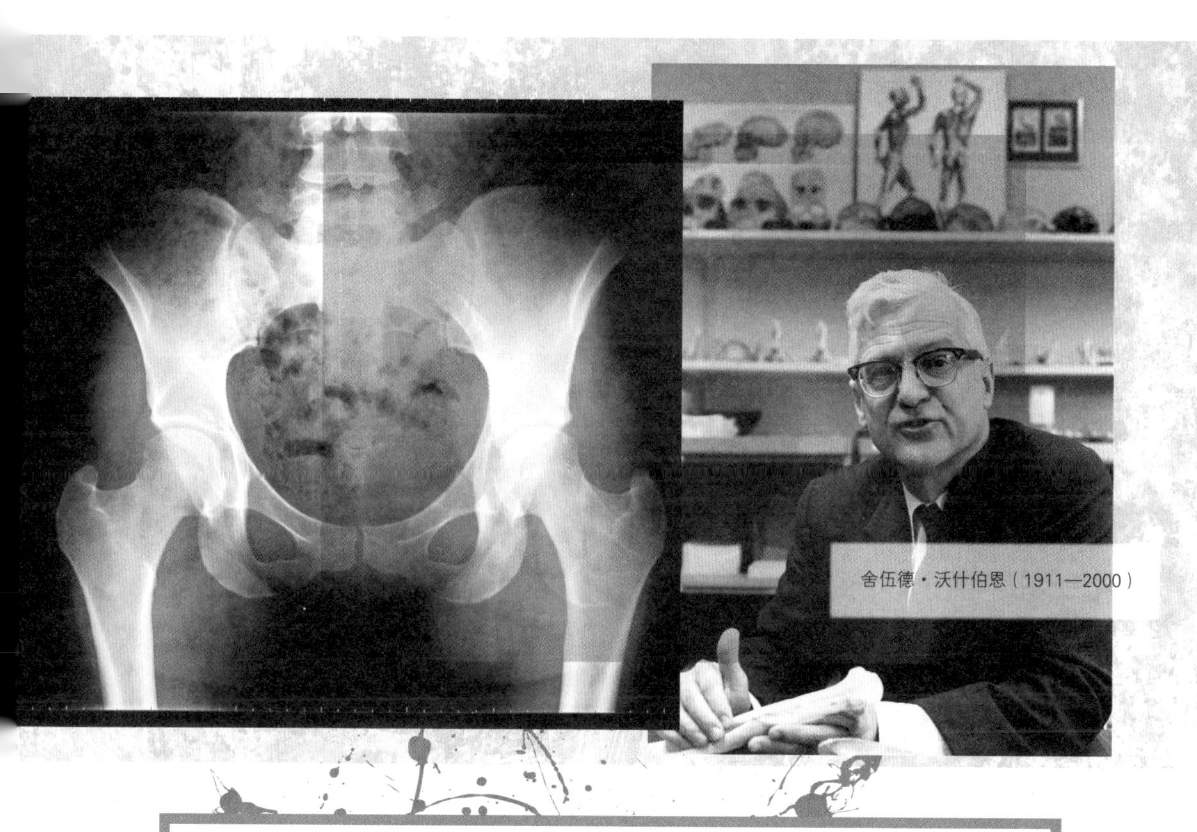

舍伍德·沃什伯恩（1911—2000）

3. 一分钟记忆

分娩困境理论为（人类）生产困难提供了一个解释。进化导致某些分娩会危及生命，这或许听起来不可思议。

但是仍有足够多的孩子在这种人类发展壮大的过程中幸存了下来。

No.31 杂食者困境

是对不合理行为的一个合理解释吗

1. 多维度看全

鼓励孩子进食这件事有时候就是幼儿家长们的日常战斗。1976 年，保罗 · 罗津从进化的角度解释了这种进食困难现象。

罗津提出，动物大致分为杂食和专食两种饮食群体。比如狮子这样的专食动物，它对一顿饭的理解是非常狭隘的。自然选择历经数代，更加青睐那些知道把羚羊识别为食物的狮子。

而杂食者则面临一个问题：他们必须吃下各种各样的食物来满足所有的营养需求。他们原本应该进化出一种尝试食用身边新发现的动植物的内在意愿来满足日常饮食需求，但那些新的植物或者动物也许是有毒的，所以杂食者也应该进化出一种内在阻力来避免吃下新的动植物。杂食者的（以上两种）本能是背道而驰的。罗津将这种现象称为杂食者困境。

罗津发现，老鼠就面临着这样的困境。通过分析其他研究人员的观察结果，罗津提出，这些啮齿动物通过把身体当作试验室来解决这个问题。一只老鼠会啃食一点点从未吃过的食物，然后等着看它会不会带来不良影响。如果它导致了一些问题，那么老鼠就会学着永远避开这种食物，这就解释了为什么毒杀老鼠那么困难了。

人类也是杂食动物，所以我们同样面对这种困境。20 世纪 90 年代末，伊丽莎白 · 卡什丹提出，因为人类幼儿几乎没有时间去了解一种东西是否可食，所以这种杂食者困境在婴幼儿身上表现得尤为明显。幼儿进食困难也许仅仅是因为他们在遵循本能。

狮子确切地知道什么东西可以作为食物，但是人类和其他杂食类动物几乎拥有无限的食物选择。

2. 关键点梳理

幼儿一旦学会走路，获得一些独立性，便享有了独立探索周遭环境的自由。然而，他们并没有获得足够多的经验来辨别身边哪种植物或动物是可吃的，哪种是有毒的。根据卡什丹的理论，对于幼儿来说，避免尝试新的食物以免受伤害对他们有利。如今的幼儿仍具备这样的内在阻力。

参考阅读 //
No. 26 醉猴假说，第 56 页

3. 一分钟记忆

杂食者困境理论提出，我们为自己广泛的饮食选择付出了代价：它使我们对于尝试新的、可能有毒的食物持一种谨慎的态度。

幼儿对这种风险尤其敏感。

No.32
走出非洲假说

对人类起源的一个进化角度理解

1. 多维度看全

在查尔斯·达尔文提出他的自然选择进化论之后，生物学家们渐渐接受了人类一定有进化历史这一观点。自达尔文写下其理论之后的150年间，化石证据不断地大量涌现，帮助揭示了人类进化和物种起源的原因。

化石记录表明，人类的进化最早发生在非洲。出现时间最早、最像猿的那批祖先似乎居住在至少500万年前的非洲东部和中部。在距今300万年前和200万年前之间，这些像猿的物种进化成了可辨识为人类的物种。此后不久，这些早期人类开始走出非洲大陆，迁徙到了欧亚大陆。

这时出现了一些争议。在众多说法之中，米尔福德·沃波夫所支持的一个模型认为，这些人类种群相互联系和杂交，以至于我们所属的"智人"物种基本上是同时出现在非洲大陆和欧亚大陆上的。这个理论被称为"多地区起源假说"。

而被克里斯·斯特林格等科学家所支持的另一观点是，世界上现存的所有人类都属于一个严格定义的群体——几十万年前在非洲大陆进化出的第一批人。后来他们扩散到世界各地，很大程度上取代了其他区域的远古人类。这个理论就是"走出非洲假说"。

随着更便宜的基因排序技术的出现，科学家们现在能够负担得起研究全世界人类基因的费用了。这些研究似乎已确认了如今所有活着的人之间关系的紧密——在过去这几十万年间还拥有同一个祖先。因此，大多数的研究人员现在都支持走出非洲假说。

我们这个物种出现于大约30万年前的非洲大陆，然后扩散到了世界各地。

2. 关键点梳理

有两种方式来理解人类进化族谱。200 万年前出现了一个大型物种，后来逐渐变成了世界上现存的具有现代外形的人类。第一种方式是把一切看起来可以识别为人类的物种归并到这个大型物种之中。第二种方式是识别出现存人类和远古人类尼安德特人等在解剖学与行为学上均不相同，然后将他们归为在史前距今相对近的时间里进化出的一类物种。今天，大多数科学家都选择第二种方式。

参考阅读 //
No. 22 线粒体夏娃假说，第 48 页

3. 一分钟记忆

人类出现在非洲和欧亚大陆上已有将近 200 万年，但这些远古人类和现代人类之间存在着怎样的联系，至今仍不清楚。

走出非洲假说认为，（现代）人群源自几十万年前非洲大陆上出现的一个群体。

No.33 父语假说

语言如何传播到全世界

1. 多维度看全

1997 年，劳伦 · 伊克斯科菲尔和埃斯特拉 · 波洛尼发现，在语言如何向世界各地传播这个问题上，人类的 DNA 也许能提供一个新的角度。

现在许多科学家认为，我们这个物种（智人）起源于处在相对较近的历史时期的非洲大陆，并在 10 万年前开始向世界其他地区迁徙。这表明，在当今世界不同地区的不同人群之间的任何差异，如语言差异等，肯定在迁徙途中就已出现了。

语言学家绘制了一幅囊括大多数语言的“谱系图”。例如，英语和德语属于日耳曼语族，它们和罗曼语族的西班牙语和法语的关系就比较远。但从更深的层次上来说，以上四种语言是相似的，因为它们同属囊括大多数现代欧洲语言和部分现代亚洲语言的印欧语系。

伊克斯科菲尔和波洛尼提出设想，能否使用基因来理解语言如何形成分支的问题。他们对 Y 染色体上的基因（只存于男性体内的一小块遗传物质，且仅父传子）进行排序。全球 Y 染色体序列地图能帮助揭示史前男性是如何迁徙的。人类细胞中的另一种 DNA 类型——线粒体 DNA——是由母亲传给子女的，它可以帮助科学家们理解史前女性的迁徙。

语言通常是父系传递。

远古男性和远古女性的迁徙地图在根本上是相似的，这一点可能并不出人意料，但两者之间仍然存在差异。伊克斯科菲尔和波洛尼意识到，男性迁徙的路线更能够解释语言在欧洲和非洲部分地区的分布情况。简言之，人们似乎更倾向于接受其父亲而非母亲的语言。这个理论后来被称为“父语假说”。

2. 关键点梳理

基因提示我们，史前男性和女性并不是以同一种方式扩散到世界各地的。例如，有时候男性会成群四处劫掠，最后在新的区域定居下来，并且与当地的女性结为夫妻。伊克斯科菲尔和波洛尼在现代 DNA 中发现了一些与这段历史形成微妙呼应的痕迹：迁徙或入侵的男性群体通常会“招募”一些当地女性，然后她们就会承袭入侵者的文化和语言。这些结合所产下的孩子也会承袭其父的文化，帮助确立其在区域内的地位。（入侵者的）孩子继承了其父辈的语言。

参考阅读 //
No. 22 线粒体夏娃假说，第 48 页
No. 32 走出非洲假说，第 68 页

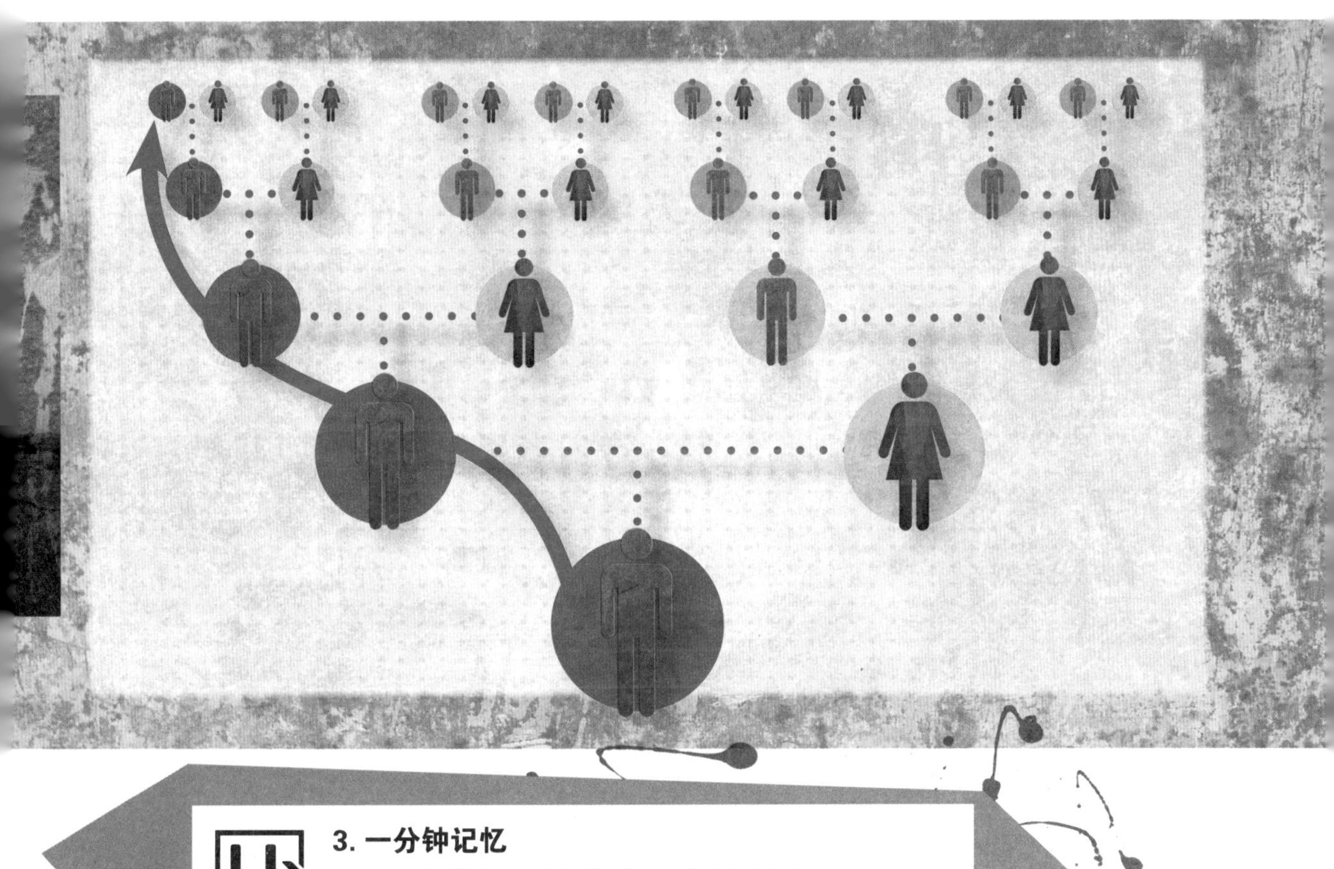

3. 一分钟记忆

父语假说挑战了我们对语言传播的理解。

该理论认为，欧洲语系最初是由男性带来的。

自然世界

No.34 黑天鹅问题

明天真的会到来吗

1. 多维度看全

据传闻所说，16 世纪的伦敦市民很喜欢将“不可能事件”描述为“黑天鹅”。这个说法似乎完全是有理有据的——欧洲有很多天鹅，并且这些天鹅全部是白色的。1697 年，荷兰的探险家们在澳大利亚西部溯河而上时有了一个惊天大发现：一只黑色的天鹅。

卡尔·波普尔（1902—1994）

在科学研究调查的编年史上，黑天鹅的发现仅仅是一个不起眼的注脚。然而到了 20 世纪，它却变得广为人知，因为它使公众注意到一个科学界研究的核心问题：归纳法问题。

哲学家们在数百年前就已经意识到了归纳法问题及其给科学带来的威胁。实质上它描述的是我们如何使用过去的经验来确证对未来的预测。例如，每天早上太阳总是会升起，所以我们认为明天它也会升起。科学家们依靠归纳法来形成普遍法则或者理论，但这种策略有效吗?

18 世纪，大卫·休谟得出结论，认为归纳法的确是有效的。他认为，实际上我们不能证明自己对世界的概括是正确的——譬如雪总是冰冷的——但是出于一些未知的原因，本能会促使我们去接受这些概括之论。这就足以证明我们继续运用归纳推理是合理的了。

20 世纪 50 年代，卡尔·波普尔推翻了这个结论。他提出，我们不能忽略掉归纳法的问题。他认为，其实科学研究是在形成可证伪的理论，言下之意即科学不是在构建基本真理，也不能构建。他引用黑天鹅问题来区分什么是科学，什么不是科学。然而，虽然波普尔的研究成果极具影响力，但它也没有被全然接受。可以说，如今归纳法问题仍然是一个十分重大的问题。

“黑天鹅”是科学界的一个核心问题。

2. 关键点梳理

根据波普尔的理论，科学家们应当把注意力放到构建可证伪的理论上面来，而非去尝试找寻普遍适用的真理。对于欧洲天鹅全都是白色的这个观察结果，非科学的回应会认为，非白色的天鹅是不可能存在的，而科学的回应是形成一个可试验的（且可证伪的）理论：我假设以后发现的天鹅全都是白色的。就科学本身来说，波普尔说，科学理论在被证明有误前都是有效的——但严格说来，它们永远无法被证明。

参考阅读 //
No. 37 均变论，第 78 页
No. 100 有生源说，第 204 页

3. 一分钟记忆

波普尔的黑天鹅问题探讨的是科学的根本性质。

可以说，科学研究并不能证明某一个理论为真，而只能证明它为假。

No.35
深时概念
我们的星球何时开始显露出它的年纪

1. 多维度看全

1788 年春日的一个早晨，詹姆斯·赫顿和约翰·普莱费尔从爱丁堡出发，开始了观察贝里克郡海岸地质情况的一日游。他们在一个名为西卡角的地点附近发现了一排岩石，这正是二人一直以来在寻找的东西。它帮助赫顿证实了地球的年龄远超大多数人的想象。

在 18 世纪的欧洲，流行的宗教观点是地球存在的时间不过几千年。虽然有一些地质学家曾对这一年龄产生过质疑，但说到底赫顿在这个问题上的观点才是最有影响力的。这很大程度上是因为赫顿率先从可理解的现代角度解释了不同岩石实际形成的方式。他在理论中提出，地球持续制造和毁灭陆地。侵蚀性的（自然）力量毁坏了岩石，随后将之送回海洋成为沉淀物。这些沉渣构成了海底的水平分层，并渐渐硬化成岩石。这个过程大致需要耗费数千年的时间。最终，这些沉淀下来的岩石层由于过于厚重而对底部岩层产生压力，导致其升温熔化而形成有浮力的熔岩，迫使上层岩石升高露出海平面，形成一块新的陆地。

以上所述和今天的地质学家所认识的岩石循环并非完全一致，但它的确是一个周而复始的过程，即赫顿所说的本质上可以无限持续下去的过程。赫顿的原话是这样说的："既没有开端的痕迹，也看不到结束的前景。"

1785 年，赫顿向爱丁堡最权威的科学学会阐述了自己的理论，在随后的几年里，他所做的周密翔实的地质观察，包括他的西卡角之行，都为他的这一陈述提供了实证性的证据。尽管如此，直到 1797 年去世，赫顿的理论仍不为世人所知晓。直到 1802 年，普莱费尔重新起草并修订了赫顿的理论之后，该理论的影响力才有所增长。接受深时概念的科学家变得越来越多了。

在一些悬崖的表面，岩石的水平分层位于垂直分层的顶部。

2. 关键点梳理

在西卡角，有一些轻微倾斜的砂岩层立在另一些近乎垂直的砂岩层之上。赫顿推测，砂岩起初在水中形成水平层——这一过程可能会耗费数千年。他意识到，西卡角的地质情况一定展示了砂岩形成的两个不同时期。第一个时期的砂岩形成之后被剧烈扭转（到近乎垂直状态），被迫升高而形成干燥的陆地。后来，陆地表面被磨光滑，随后再次没入了水中，这就为第二个时期的水平砂岩层的形成创造了条件。最终，整个砂岩层序列再次被迫升高露出水面，并轻微倾斜地形成了现代的地貌。

参考阅读 //
No. 37 均变论，第 78 页
No. 83 放射测年，第 170 页

詹姆斯·赫顿（1726—1797）

3. 一分钟记忆

基于宗教的影响，早期的科学家们认为我们的星球是非常年轻的。

而赫顿的研究则促使他们相信，地球其实是非常古老的。

No.36

灾变论

世界突然改变时

1. 多维度看全

19 世纪初，地质学家们已经知道地球曾经历过一场可怕的噩运，但他们仍认为地球仅有几千年的历史。如此复杂的地质历史怎么可能在如此短暂的时间段内发生呢?

这一时期的欧洲科学界仍被《圣经》中的臆断所支配，如认为《旧约全书》记录了世界的全部历史，历史可回溯至仅仅大约 6000 多年前。然而，地质学家们在化石记录中发掘出的一些证据和宗教信仰却不在同一阵营。例如，18 世纪晚期，乔治 · 居维叶首先提出了物种会灭绝的观点——这正是信奉宗教的老师们认为不可能发生的事情。

居维叶对化石记录的研究表明，历史上已经发生过数起物种灭绝事件。更重要的是，灭绝事件似乎是灾难性的，它影响的不只是单个物种，而是整个生态系统。他提出，地球会周期性地经历一起迅速发生的、程度剧烈的生态事件，它会在顷刻之间毁灭大多数物种，在地球上腾出或多或少的空间供少数幸存物种繁衍生息。这个理论用一种简单的方式，把多舛的地球生命历史压缩进几千年或者数百万年的时间里。威廉 · 胡威立将居维叶的这个理论命名为“灾变论”。

灾变论在公布之初大受欢迎，但到了 19 世纪晚期失了宠。事实上，在整个 20 世纪的大部分时间里，它都处于衰落的状态。直到 20 世纪 80 年代，它的命运才出现改变——路易斯 · 沃尔特 · 阿尔瓦雷茨找到证据证明，6600 万年前曾发生过小行星毁灭性撞击事件，这与摧毁整个生态系统，从而导致所有大型恐龙死亡的大规模灭绝事件相吻合。他们的研究成果重新燃起了学界对灾变论的兴趣。

2. 关键点梳理

居维叶和亚历桑德雷·布隆尼亚尔一同花时间研究了巴黎附近地区的地质情况。他们的研究为地层学的形成打下了早期基础——在岩层序列中，形成时间较久的岩层位于底部，而形成时间较短的岩层位于顶部。居维叶和布隆尼亚尔注意到，一片岩层通常完整地保存着来自其上方和下方岩层的不同化石。居维叶认为，这种生态学突变揭示了曾短暂而急剧地发生过生态灾难。

一起小行星撞击能够导致一场顷刻间发生的全球大灾难。

参考阅读 //
No. 37 均变论，第 78 页

乔治·居维叶（1767—1832）

3. 一分钟记忆

大多数地质学家认为，地球生物圈发生一次可观的变化通常需要数百万年的时间。

但是灾变论提出，世界会偶尔在一夜之间发生巨变。

No.37

均变论

揭开过去的秘密

查尔斯·莱尔爵士（1797—1875）

1. 多维度看全

19 世纪 30 年代，查尔斯·莱尔变革了针对远古地球的研究方法。在莱尔的支持者，包括查尔斯·达尔文在内的眼里，是莱尔把一门曾湮没在宗教教条中的学科铸成了一门理性的科学学科。

莱尔曾经受教于威廉·巴克兰——他支持地球曾经历偶然性极端剧烈变化这一观点。然而，莱尔逐渐对这种理论感到失望——特别是当巴克兰竟开始声称，地球历史上最近一次大灾难的原因是圣经中的洪水的时候。莱尔认为，地质科学不应该诉诸超自然力量。

詹姆斯·赫顿在 18 世纪 80 年代提出，地质情况记录揭示了一个（可能）永无止境的地质作用循环，这一思想深深地影响了莱尔。赫顿的思想似乎一直在为穿越时间的力的均匀性辩护——该思想和已被证明的艾萨克·牛顿关于跨空间的力的均匀性理论一致。

莱尔非常支持这个理论。同时他也对大卫·休谟的哲学著作表示欣赏——特别是对科学家们运用归纳法来推理，或是从有限的真实观察结果中推断出普遍规则的做法应持鼓励态度的观点。通过将休谟和赫顿的研究相结合，莱尔发明了一种新的探索地质情况记录和化石记录的方式。简单地说，他认为，我们今天观察到的所有缓慢而稳定的运行过程都可以或者应该被用于解释地质情况记录。莱尔的理论通常被一个短句概括，即“现在是通往过去的一把钥匙”。威廉·胡威立——一位非常反对该理论的科学家——将莱尔的理论命名为“均变论”。

均变论提出，今天出现的地质变化过程可以解释地球过去发生的一切。

2. 关键点梳理

莱尔坚信，地球的史前历史本质上是循环往复的——地貌特征逐渐形成，又逐渐消失。他认为，如果我们仔细观察，就会发现我们身边都是证明创造和毁灭循环往复的证据。举个例子，莱尔了解地震的存在，并且知道地震运动如何重塑地貌——通过将陆地挤向空中而形成低矮的峭壁和山丘。他也知道，侵蚀作用能够慢慢消解这些峭壁和山丘，直至它们几乎看不到了。莱尔提出，类似这些时间跨度超长的（地质事件）发生过程，完全能够为一切地质记录提供解释。

参考阅读 //
No. 34 黑天鹅问题，第 72 页
No. 35 深时概念，第 74 页
No. 36 灾变论，第 76 页
No. 56 牛顿万有引力定律，第 116 页

3. 一分钟记忆

根据莱尔的理论，所有载于地质记录中的动荡事件都可以用发生在今天的地球上的缓慢地质过程来解释：

要想理解地球的过去，只需环顾四周。

No.38

发电机理论

解开地心之谜

约瑟夫·拉莫尔（1857—1942）

1. 多维度看全

数个世纪以来，航海家们依靠着地球的磁力特性来辨别方向，但直到科学家们开始探索地球内部结构，我们才知道我们所处的这颗星球为何有磁性。

早在1600年，威廉·吉尔伯特就发现，地球上的一些矿物质天然带有磁性。随后他提出，地球实际上就是一块巨大的永磁体。到了17世纪末，科学家们开始怀疑，事情并没有吉尔伯特说的那么简单，特别是当他们仔细测量得出的数据显示，地球的磁场会随着时间推移出现细微变化，而这些变化不应该发生在一个永磁体周围的磁场身上。更重要的是，学界渐渐了解到，地球内部是滚烫的，而高温会损坏永磁体。

直到一个世纪前，一切才终于变得稍微明朗一点。1906年，在分析了地震活动引起的地震波穿过地球的方式之后，理查德·奥尔德姆公布了一个结论：地核的外部一定是液体状的，且几乎可以确定是熔铁。1936年，英奇·雷曼采用大致相同的研究方法得出了地核内部为固体的结论。

那时，约瑟夫·拉莫尔已经回答了地核如何产生地球磁场的问题。地核内部产生的高温可以引起其外部液体层的对流，而熔铁旋涡会自然产生电流。在电磁感应的作用下，电流会产生磁场，这个磁场又会引起（带有磁性的）熔铁的进一步运动，从而使熔铁继续产生磁场，如此循环往复。最终这个反馈环路或许会助推形成一个非常强力的磁场。

沃尔特·埃尔泽塞尔和爱德华·布拉德先后在20世纪40年代和50年代进一步发展了这个理论，他们的研究成果帮助确立了发电机理论主流思想的地位。

发电机理论把地球磁场和它富铁质的地核联系了起来。

2. 关键点梳理

地核的运动方式与一盏球形的熔岩灯有一点类似。温度极高的固体状的地核内部加热液体状的地核外部，形成对流。然而，不同于熔岩灯的是，翻滚着的液体是可导电的熔铁。激烈的对流运动产生了电流，电流反过来又产生了磁场。由于地球自转，无数电流（及其随附的磁场）聚集并结合在了一起。聚合之后的磁场力量十分强大，即便地核距离我们脚下的地表 3000 千米远，我们也能感受到它带来的影响。

参考阅读 //
No. 60 麦克斯韦方程组，第 124 页

3. 一分钟记忆

发电机理论提出，地核内部产生的高温引起了地核外部熔铁的流动。于是最终导致了地球强力磁场的产生。

No.39
大陆漂移学说
世界开始了移动

阿尔弗雷德·魏格纳（1880—1930）

1. 多维度看全

早在16世纪的时候，地图绘制者们就发现，美洲大陆东部的海岸线和欧洲大陆西部及非洲大陆西部的海岸线之间存在相似性。亚伯拉罕·奥特柳斯推测，这些大陆曾经是连在一起的，但后来由于地震和洪水就分开了。到了20世纪，经过由阿尔弗雷德·魏格纳发起的一系列补充和修正，这个理论最终被学界接受了。

与其说魏格纳是一名纯粹的地质学家，不如说他是一名气象学家兼极地探险家。他涉猎广泛，也了解其他的科学家们都在为新旧世界之间的地质学相似性困惑不已——尤其是在非洲西部和巴西发现了极为相似的陆生动植物化石这一事实。他也知道解释这个谜题的主流思想是怎样的：这些大陆曾经被巨大的陆间桥梁连接在一起，但是这些桥梁在很久以前就被大西洋的海水淹没了。

魏格纳阅读了当时对不同类别岩石密度的研究报告，发现陆间桥梁理论其实是错误的。1912年，魏格纳提出，正如奥特柳斯（及其他多位科学家）所推测的那样，大陆是可移动的。

这个说法似乎的确解决了很多地质学谜题，不过地质学家们却拒绝接受魏格纳的理论。问题的关键就在于，魏格纳在他1915年出版的《大陆与海洋的起源》一书中没能提出一个有说服力的机制来解释广阔的大陆到底是怎样移动的。到今天，魏格纳已成为一位值得铭记的预言家，因为他推动了地质学界走向最重要的一次突破。然而，直到他在1930年去世，也鲜有地质学家准备接受其大陆漂移学说。

2. 关键点梳理

20 世纪初，许多地质学家都认为，陆间桥梁可以解释非洲西部和南美洲的化石记录之间惊人的相似性，动植物依靠这座连接大陆的桥梁在两块陆地之间迁移。到 1912 年，魏格纳发现这个说法不能成立。由于海底岩石的密度远大于陆地岩石，所以要一座面积广大又具浮力的（由大陆岩石构成的）陆间桥梁永久沉入海底是说不通的。这种密度比对也是魏格纳学说提出的机制的核心所在。他猜想，各个大陆就像巨大的低密度木筏一样，能够在密度较高的海洋表面破浪前进——而其他的大多数地质学家却认为这是个荒谬的理论。

美洲大陆东部海岸线看起来与欧洲及非洲大陆西部的海岸线很相似。

参考阅读 //
No. 40 海底扩张说，第 84 页

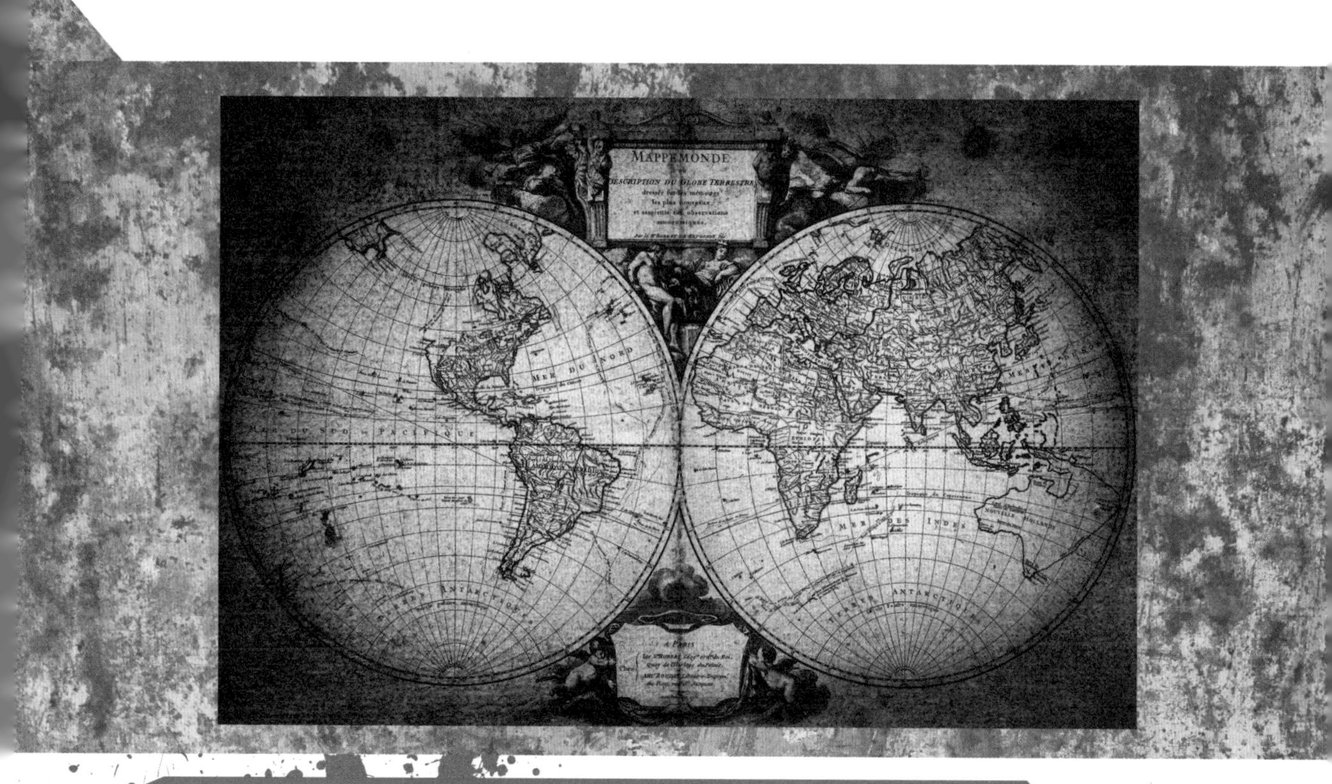

3. 一分钟记忆

大陆漂移学说认为，地球上各个广阔的大陆都在非常缓慢地移动。

但它没有给出一个具有说服力的解释来说明大陆是怎样漂移的。

No.40
海底扩张说
揭开了大洋底部的谜底

1. 多维度看全

20 世纪早期，大多数地质学家都很难接受广阔的大陆竟可以在地表移动这一说法。促使他们思想转变的研究来自一个令人意想不到的领域：大洋底部研究。

那时候，许多科学家都以为，海底地形平坦，平淡无奇，没什么值得特别关注的地方。虽然 19 世纪的科考远航结果已经提示了，大洋底部具有一定程度的多样性，但也未能引起研究人员的注意。直到 20 世纪 50 年代，大洋底部真正的多样性才渐渐为人知晓。根据美国海军的勘测数据，玛丽 · 萨普和布鲁斯 · 希曾开始着手绘制世界上第一张海底地图。

这张地图显示，超长的海底山脉一路沿着包括大西洋和印度洋在内的大洋中心延伸。它们就是大洋中脊。更令人好奇的是，沿着每条大洋中脊的中心一路向下的是一条深深的裂谷，即裂谷带。

希曾和哈雷 · 赫斯等研究海洋地质的科学家们开始确信，从地球内部深处产生的岩浆会持续向上涌升到达表面，冷却后在大洋中脊的裂谷带处形成新的岩石海洋地壳。因为形成海洋地壳的运动会一直进行，海洋面积就会增大。这个理论后来被命名为“海底扩张学说”。

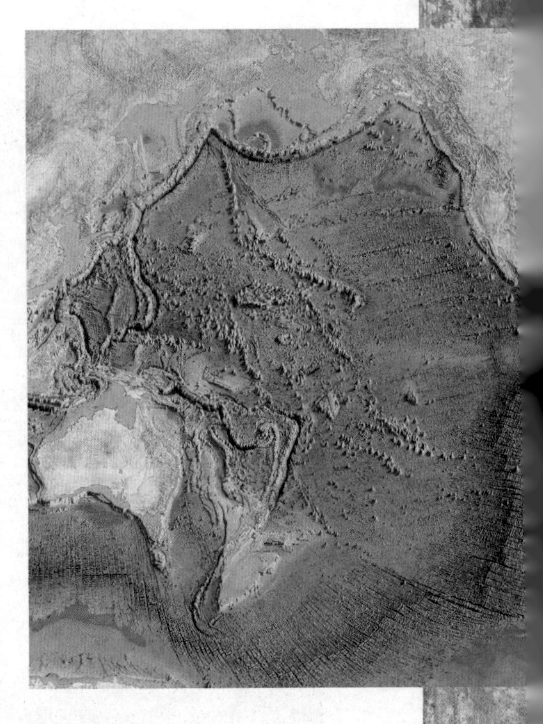

大洋中脊沿着包括大西洋在内的海洋中心曲折延伸。

赫斯意识到，上述过程可作为一个有说服力的运行机制来解释大陆漂移。阿尔弗雷德 · 魏格纳的说法是大陆自主在海洋中破浪前行，而赫斯却有另一番解释。他认为，大陆是被动漂移的，魏格纳在其大陆漂移学说中所认可的动力实际上产生于大洋底部。换言之，大陆板块因海底扩张而漂移。

2. 关键点梳理

把大洋中脊想象成巨型 3D 打印机或许会更容易理解。一条沿南北方向分布的大洋中脊会持续在东西两侧“打印出”新的地壳。和大洋中脊平行的裂谷带相当于这台 3D 打印机的墨盒，裂谷带中滚烫的岩浆便是油墨。岩浆冷却下来就形成了新的地壳，其中一半附着在大洋中脊东侧的旧岩层上，另一半则附着在西侧的旧岩层上。地壳构造的力量逐渐把两侧的岩层往外推开，使得更多的岩浆涌到裂谷带处，冷却形成更多的地壳。

参考阅读 //
No. 39 大陆漂移学说，第 82 页

玛丽·萨普（1920—2006）

3. 一分钟记忆

根据海底扩张理论，海洋能够以非常缓慢的速度扩大其面积，从而将两侧的大陆越推越远。

海底扩张学说解释了大陆如何漂移的问题。

No.41 板块构造学说

地质学的集大成者

1. 多维度看全

始于20世纪首个十年间的由阿尔弗雷德·魏格纳发起的那场科学革命，在20世纪中期迎来了它的转折点：地质学家们终于有充分理由接受地表永恒运动的理论了。

虽然魏格纳曾坚称大陆在移动，但他没能提出一个有说服力的机制来解释大陆是如何漂移的。直到20世纪50年代，地质学家们开始怀疑，答案可能在于大洋中脊即那些沿着大多数海洋中心延伸的海底山脉。然而，他们还需要更多的证据来证明这一猜测。很快证据就找到了。

为响应1963年签署的《部分禁止核试验条约》，当局建立了一个全球性的地震监控网络来密切关注核武器试验。该网络也帮助地质学家们绘制出了一张全球自然地震地图。该地图显示，各个地震点并非随机分布，而是勾勒出狭长的带状，其中一部分地震点和大洋中脊的分布一致，另一部分则沿着已知的海沟分布。这样看来，地球好像拥有一种隐藏的地质学特性：似乎是好几个"板块"之间相互推挤而引发了剧烈的地震。

几乎就在同一时间，基思·朗科恩（Keith Runcorn）及其他几位科学家正致力于找到另一条证据。通常岩浆中都含有磁性矿物质，随着岩浆冷却形成岩石，其中的矿物质也随之融入了地球磁场。通过观察形成于不同时期的岩石融合结果，他们发现了一个令人不解的现象：正如魏格纳在几十年前所推断的，所有的大陆似乎都移动过，甚至旋转过。到20世纪60年代后期，几乎就没有地质学家否认这个不断壮大的证据链条了，板块构造学说由此终被承认为一个科学理论。

核武器试验不经意间促进了学界对地球板块构造的理解。

2. 关键点梳理

地壳就像一副复杂的智力拼图玩具，现由七大板块和一些小板块构成。随着大洋中脊处新地壳的形成，其中一些板块的面积渐渐扩大，另一些板块就必须缩小面积来腾出空间——当两个板块碰到一起时，其中一块会被挤到另一块的下方而进入地表下面。这一过程会缓慢地对板块造成破坏。大陆不过是板块中更厚实的部分，它们在无意中随各个板块的互相推挤而被推拉和转动。有时，大陆之间产生碰撞就会形成高大山脉；有时，大陆沿着巨大的裂谷分裂开来，最终导致新的海洋出现。

参考阅读 //
No. 38 发电机理论，第80页
No. 39 大陆漂移学说，第82页
No. 40 海底扩张说，第84页

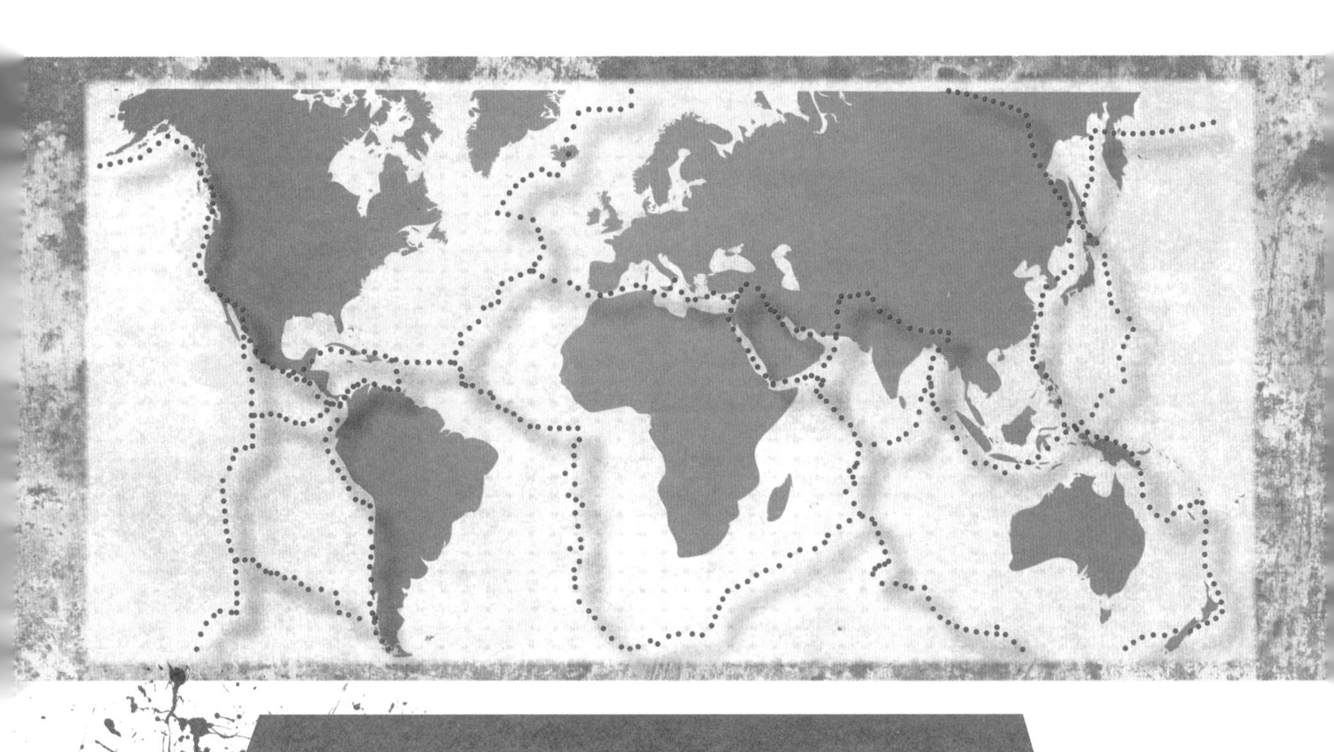

3. 一分钟记忆

从高山到深海，再到化石分布的情况，我们都可以通过板块构造的棱镜来理解。

板块构造学说是地质学理论的集大成者。

No.42
米兰柯维奇理论
对自然气候变化的解释

1. 多维度看全

18 世纪早期，欧洲科学家们对很多问题很好奇，其中之一便是如何解释散布在各地形中的尤其是阿尔卑斯地区的巨石的存在。

18 世纪 40 年代，皮埃尔 · 马特尔来到阿尔卑斯地区的一个山谷，询问当地人怎么看这些巨石。有人告诉他，山谷中冰川的体积曾经比现在大得多，这些巨石之前被冰封在其中，所以一定是这些冰移动了巨石。马特尔是第一批认识到地球可能曾经历冰河时期的科学研究者之一。

米留廷 · 米兰科维奇（1879—1958）

到了 20 世纪，地质学家们已经建立起地球曾经历多个冰河时期的观点。最近一次出现的冰河时代是最为著名的，它始于 250 万年前，似乎以较寒冷时期（冰期）和较温暖时期（间冰期）交替出现为特征。为什么会出现这么复杂的模式呢?

米留廷 · 米兰科维奇决定着手解开这个谜团。20 世纪 20 年代，他的理论开始成形：地球绕太阳公转时，会发生一些细微但有规律的改变，这些改变会引起太阳照射地球方式的变化。而这些变化应该足以引发地球由冰期向间冰期的转换。

米兰科维奇的演算非常细致，但在长达半个世纪的时间里，没有人知道这些演算是否有意义。20 世纪 70 年代中期，詹姆斯 · 海斯、尼古拉斯 · 沙克尔顿和约翰 · 英布里等三位科学家决定解决这个问题。通过研究沉积于印度洋海底的淤泥的化学性质及其中的微型化石，他们知晓了地球气候在过去的 45 万年里是如何变化的。因为实际观察研究得出的变化模式与米兰科维奇在理论层面上预测出的模式惊人地相似，很多地质学家开始相信米氏学说。

地球运动发生改变的三种方式

2. 关键点梳理

米兰科维奇了解到，地球运动在 21,000 年、41,000 年和 96,000 年这三个时间周期里会发生细微但规律的变化。将这三个周期结合起来看，可以预见地日距离及地日相对位置的周期性变化。米兰科维奇计算出，在这些时间周期里的一些特定的时间点上，地球所处的位置和角度会造成到达北极圈稍微下方位置的纬度的太阳辐射太少而不能融化此地已形成的冰川，即便是夏天也是如此。这就意味着每过一个冬季就会积累下更多的冰，最终导致冰河期的开始。在时间周期里的另一些时间点上，会有更多的太阳辐射到达上述纬度而将冰融化，导致间冰期的开始。

参考阅读 //
No. 57 牛顿的运动定律，第 118 页

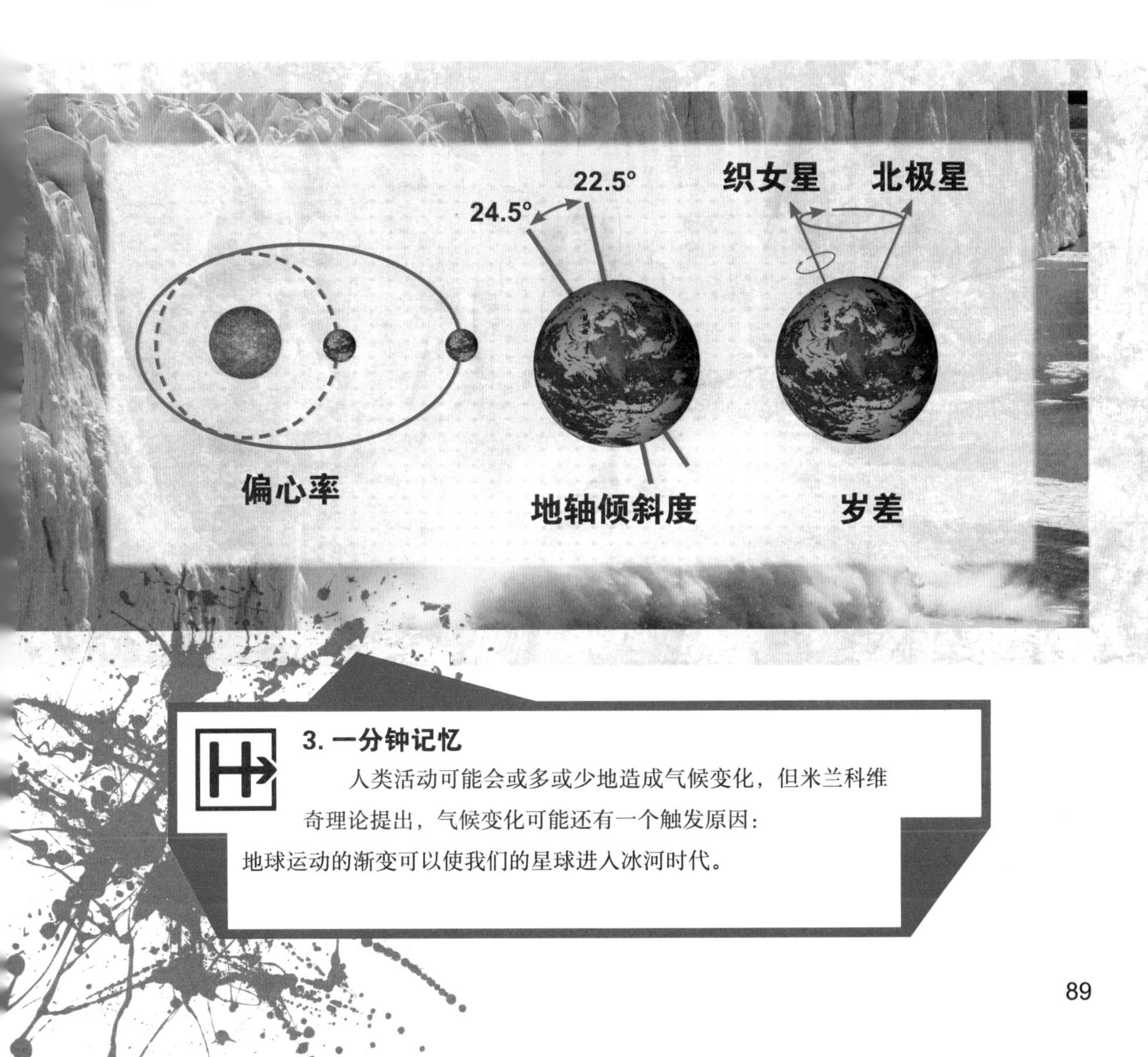

3. 一分钟记忆

人类活动可能会或多或少地造成气候变化，但米兰科维奇理论提出，气候变化可能还有一个触发原因：

地球运动的渐变可以使我们的星球进入冰河时代。

No.43 雪球地球假说

热带何时结冰

1. 多维度看全

道格拉斯·莫森知道如何从岩石记录中提取上一次冰川活动的证据。当在南澳远古岩石中发现这样的证据时，他便自然而然地得出了结论，认为这个地区曾经被冰雪覆盖过。这个论断只存在一个问题：南澳的纬度是相对靠近赤道的。20 世纪 40 年代，莫森提出，地球曾经历过一段严峻的冰河时代，甚至热带地区都受到了影响。

莫森的同行们对他的观点持反对意见，特别是在支持大陆漂移的证据不断增加的情况下。批评者们很容易给出反驳：莫森理论中冰川沉积物的形成时间可以追溯到澳大利亚还在极地附近时，众所周知那里寒冷到足以结冰。

但直到 20 世纪 60 年代莫森去世之后，板块构造研究才找到支持其全球冰河时代观点的关键证据。地质学家们开始利用不同时期的岩石中的磁性矿物质来计算大陆在过去的不同时间点上所处的位置。1964 年，布莱恩·哈兰德确认了冰川沉积物最终形成于距今 6.5 亿年的热带附近的陆地上，这正好是莫森研究的澳大利亚岩石所处的时代。

一段席卷全球的冰河期是如何发生的，又是如何结束的？当时的人们仍不清楚。1992 年，约瑟夫·克什温克（Joseph Kirschvink）提出了一种机制，并就何种地质证据会历经“雪球地球”（这是他为全球冰期发明的术语）的形成与消融而保留下来做出了预测。1998 年，保罗·霍夫曼及其同事们出版了一部极具影响力的研究著作，他们在其中提出了可证实克什温克多项预测的证据。现在，很多地质学家已经接受了雪球地球假说。

有一些地质学家认为，有时地球会变成一颗巨大的雪球。

2. 关键点梳理

克什温克提出，很可能所有的大陆必须要聚集到赤道上或其附近才能形成一个雪球地球。此时，地表颜色会变得相对苍白，并将大量太阳能反射回太空，这种情况下地球会变得更冷。然而，根据他的说法，雪球地球的形成会促使地球走向毁灭。板块构造运动会继续进行，这就意味着火山会向大气层喷出二氧化碳，但是在雪球地球上，这些二氧化碳不会被可以进行光合作用的有机体清除，因为大多数这样的有机体已经随着冰雪形成而死亡了。二氧化碳浓度逐渐上升，并开启一场强力的温室效应，于是雪球地球将会消融。

参考阅读 //
No. 40 海底扩张说，第84页
No. 41 板块构造学说，第86页

道格拉斯·莫森爵士（1882—1958）

3. 一分钟记忆

雪球地球假说提出，一系列罕见的自然现象会触发一场超乎寻常规模的全球大降温。

在这些时期，即便是热带也会结冰。

No.44 盖亚假说

一颗被生命所创造又为生命而存在的星球

詹姆斯·洛夫洛克（1919—　）

1. 多维度看全

1965 年，在美国国家航空航天局工作的詹姆斯·洛夫洛克得到了一览火星大气层构成数据第一手资料的机会。研究结果揭示了地球与金星及火星这两位邻居之间的一个明显差异。地球大气层含有大约 21% 的氧气和 0.04% 的二氧化碳，而火星和金星的大气层主要由二氧化碳构成。洛夫洛克意识到这个结果引发了一个问题：为什么地球的大气层会如此不同呢？

理论上讲，一颗行星的大气层中不应该积聚有氧气，因为氧气会和其他气体产生化学反应而消失。洛夫洛克知道，氧气之所以在地球的大气层中含量非常丰富，是因为有活体生物在持续造氧。这一现象表明，地球的生物圈对大气层造成了全球性的影响。突然间他就想通了：实际上是有生命的有机体在控制大气层的构成。

随着思考的深入，洛夫洛克越发相信这样一个事实：生命体影响着我们的星球，使大气层处于有益于地球生命继续生存下去的一个相对稳定的状态。这种思想至少可以追溯到 18 世纪晚期，例如詹姆斯·赫顿就确信，地质过程和生物作用之间存在根本上的联系。

洛夫洛克和小说家威廉·戈尔丁都住在英国，二人是同村的邻居，后者将前者的理论命名为“盖亚假说”。自 20 世纪 60 年代起至今，针对洛夫洛克理论的争议从未间断。我们已经很清楚地知道史前时期有过几个间断期，其间，地球生命体明显没能保持住地球有利于生命体的稳定状态。洛夫洛克的观点还促成了对立假说的形成。不过，尽管如此，盖亚假说依然在世界上很流行——除了在科学界。

地球生命是否与我们的星球共同进化?

2. 关键点梳理

“黯淡太阳悖论”就是洛夫洛克运用盖亚理论解决的关键谜题之一。

在地球历史的早期，太阳并不像如今这般炽烈，但地球的早期地质情况显示出其表面有水流存在，这说明当时地球表面温度基本与现在相当。很多科学家提出，地球早期大气层因富含如二氧化碳之类的温室气体而有助于保温，以此来解释这个悖论。然而，生命体会把这些气体作为养分吸收掉（如光合作用），从而削弱早期的温室效应，使地球的温度降低。洛夫洛克认为，生命体肯定已经找到了某种方式来调控大气层，所以地球温度才能在数十亿年的时间里保持着“生命友好”的稳定状态。

参考阅读 //
No. 43 雪球地球假说，第 90 页
No. 45 美狄亚假说，第 94 页

3. 一分钟记忆

盖亚假说提出，地球生命和地球是共同进化的。

根据该理论的主张，是生命体将地球的物理状况保持在适合生存的理想状态下的。

No.45 美狄亚假说

盖亚假说的对立面

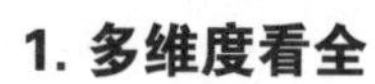

1. 多维度看全

到 21 世纪初期，对盖亚假说的相信程度在一些圈子中几乎已经上升到宗教层面了。虽然那时科学家们仍在维护盖亚理论的价值，但科研中发现的证据开始提出严肃的质疑。2009 年，彼得 · 沃德提出，这些证据不仅削弱了盖亚假说的权威性，还表明地球实际上是“反盖亚的”。

盖亚假说似乎解释了为何地球可以维持适宜生存的稳定状态长达数十亿年，这也是支撑该假说成立的主要力量。在 20 世纪最后几十年里，科学界的发现也和该理论相符——例如，20 世纪 80 年代，地质学家们找到了证据，证明了那场著名的大型恐龙灭绝事件可能是由小行星撞击所致。于是科学家们开始声称，所有的大灭绝都是由小行星引发的。这种说法符合盖亚假说，因为它暗示大灭绝本质上属于随机的“不可抗力”，地球本身（及盖亚）绝不会是造成大灭绝的原因。

然而到了 21 世纪初期，学界的观点却转了向。地质学家们摒弃了大灭绝总是由小行星引发的观点，因为他们根本找不到证据来支撑这个假说。

科学家们开始认为，通常情况下一定是地球本身发生的事件引发了大灭绝。沃德受到上述观点的深刻影响，认为生命体或许在触发生态大灾难方面发挥了某种作用。盖亚假说建立的基础是生物物种有助于保持地球的宜居性，而沃德持有的却是一个相反的观点，即生物物种或许破坏了地球的稳定状态，使之不再宜居，从而引起了大灭绝。他将这种观点命名为“美狄亚假说”——美狄亚是希腊神话中的一个人物，以杀害自己的孩子而闻名。

美狄亚假说提出，地球生命体有时会攻击自己。

2. 关键点梳理

很多地质学家现在都认为，地球变得非常寒冷以致整个地球基本上都被冻住，继而可能导致生物灭绝的情况，肯定出现过不止一次。沃德指出，现在被拿出来讨论的每一起雪球地球事件，都是在新型的可光合生命体出现的数亿年之后发生的。这些生命体可以更有效率地消耗大气层中的二氧化碳，而二氧化碳是一种强有力的温室气体，当它在大气层中所占比例降低的时候，地球的温度便会下降，从而形成冰层。换言之，沃德认为，生命体破坏着环境的稳定性，并引发了全球性的大灾难。

参考阅读 //
No. 36 灾变论，第 76 页
No. 43 雪球地球假说，第 90 页

3. 一分钟记忆

根据美狄亚假说，地球上的物种更有可能是因为其他有机体的活动而非小行星撞击或者其他自然灾害而遭到灭绝。换一种说法就是，危险来自内部。

No.46

关键种的概念

物种在生态学上并非平等

1. 多维度看全

20 世纪 60 年代，生态学家们已经了解到，自然生态系统已经复杂到了难以置信的程度，很多物种都可能会通过各种各样的方式互相影响。生态学家们猜想，正是这种复杂性维持了生态系统的稳定。1969 年，罗伯特·佩因对上述猜想提出了质疑。他认为，即使是复杂的生态系统，只要去掉一个物种，也会使它发生巨大变化。

生态学家们会设想复杂生态系统具有稳定性的原因是显而易见的。生态食物网有点类似于因特网，如果某一条网线被损坏，那么信息通常会找到另一条通道从计算机 A 传输到计算机 B。同样地，如果生态系统中某一物种消失了，那么能量应该仍然可以用与之前差不多的方式在食物网中流动。整个生态系统不应该出现什么明显的变化。

佩因的生态学研究结果表明，事实并非如此。他发现，如果有选择性地把某些物种从一个生态群落中去掉，会导致该生态系统整体面貌的改变。他注意到了这些物种的重要性，并给它们起了一个特别的名字：关键种。

在佩因的思想问世之后的数十年里，关键种概念的影响力达到了相当深远的程度。出于环境保护的目的，许多项目都把注意力集中在保护关键种上，因为人们认为，损失这些关键种可能会导致当地生态环境出现灾难性变化。

然而近些年来，一些生态学家开始提出，之前对关键种概念的应用可能太过简单了。例如，某地的一个物种在许多环境中或许是关键种，但在另一个地方可能就不是了。虽然存在着这些细微问题，关键种仍然是一个非常重要的概念。

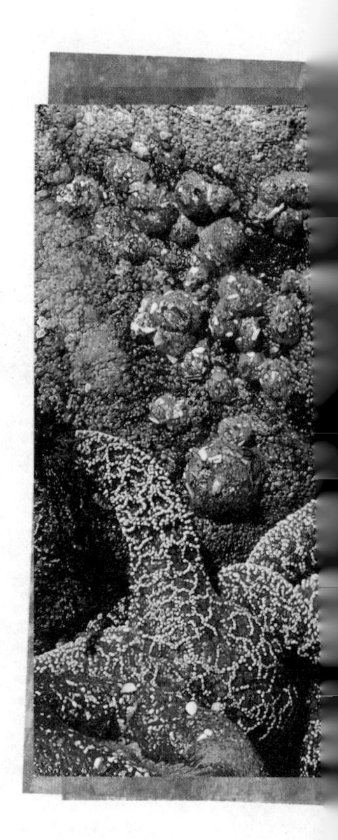

把岩石区潮水潭中的赭色海星除去，整个生态系统便崩溃了。

2. 关键点梳理

佩因的大多数生态学研究都是在美国西海岸潮间带的岩石区潮水潭中进行的。他发现海星这个物种——尤其是赭色海星——对生态系统的影响力非常大。有海星存在的潮水潭就会聚集各种各样的贝类及其他生物。佩因把一部分水潭中的海星去掉后发现，仅仅在一年之内，这个多样化的生态系统就已然分崩离析，贻贝则取代了海星的位置。间接证据表明，如果其他捕食者消失了，影响就没那么巨大了。因赭色海星通过捕食贻贝及其他生物帮助维持了一个多元化的生态系统，所以它就是一个关键种。

3. 一分钟记忆

关键种概念直接指出，某些物种在生态学上比另一些物种更加重要。

如果说任何一个物种的灭绝都是坏消息，那么一个关键种的消失就可以说是一场大灾难。

医学和生理学

No.47 生源论假说

生物从何而来

路易·巴斯德（1822—1895）

1. 多维度看全

两千多年来，欧洲科学家们都以为他们确切地知晓新的有机体是如何产生的：它们自然发生于非生命物质之中。令人相当诧异的是，直到150年前，也就是在达尔文发表《物种起源》一书好多年后，上述观点才被揭穿了真相。

自然发生论认为，简单的生命发源于尘土中，而更复杂的有机体则来自更简单的有机体。例如，17世纪的扬·巴普蒂斯塔·范·海尔蒙特就坚信，不洁的衣物和麦粒之间会产生某种作用，使得老鼠"滋生"出来。

弗朗切斯科·雷迪因为发起了挑战自然发生论的试验而被人们广为称颂。他在试验中发现，如果将肉块存放在可以隔绝苍蝇的容器中，那么蛆虫就不会"自然而然"地从肉里爬出来。

然而，尽管这些证明如此有说服力，直到19世纪，仍然还有一些执迷于自然发生论的顽固派。19世纪60年代，颇具影响力的科学家路易·巴斯德发表了其证伪自然发生论的科学试验成果论文。巴斯德的研究促使了生源论假说的确立。简单地说，这个现在已经被广泛接受的观点认为，生命来自生命（请参考有生源说，第204页）。生源论假说标志着科学历史上的一个重要转折点。因其蕴含的深意，它也成为了医学史上的一个关键思想。

巴斯德的试验使得很多人相信了像蛆虫一类的生物不是自然出现的。

2. 关键点梳理

巴斯德并非首位证明生命并非自然发生的科学家，但是他令人敬畏的科学声望和试验说服性使得他的研究占据了重要地位。他发现，若是把食物放在密封的容器中进行热处理，食物便不会腐烂，但如果让食物接触到空气，那么它将在数日之内腐坏。试验结果表明，造成腐坏的微生物一定存在于空气中，因为此前已经证明了，肉块的化学分解并没有使它们自然发生。

参考阅读 //
No. 48 疾病的细菌理论，第 100 页

3. 一分钟记忆

生源论假说主张生命源于生命。

换言之，地球上现有的所有生物都源自其他生物。

No.48
疾病的细菌理论
解释了传染病

1. 多维度看全

在 19 世纪 50 年代的伦敦中心地区，霍乱暴发比较普遍。约翰 · 斯诺注意到，某次特定暴发的源头是一只公用水泵。在其试验的影响下，地方当局去掉了水泵的把手，这场疫病便随之结束了。19 世纪中期的科学革命启发了人们从现代科学角度来看待常见疾病，这支插曲就是证据。

几个世纪以来，欧洲医生们都以为（正如古希腊人所说）许多常见疾病都是由有害的无机气体即瘴气引发的。早在 16 世纪 40 年代，吉罗拉摩 · 法兰卡斯特罗就已经开始就此提出异议：疾病有可能以"种子"的形式存在于空气中，或者通过人与人之间的接触进行传播。然而，法兰卡斯特罗无法指出这些基于假设的、实质上又看不见的"种子"是以什么形式存在的。

罗伯特 · 科赫（1843—1910）

虽然还有其他人继续发展法兰卡斯特罗的思想，但在数百年间它仍是一个极其小众的概念——即使在 17 世纪 70 年代细菌被发现之后，情况也是如此。直到19世纪晚期，事情才有了转机。

当时，路易 · 巴斯德正忙于参与一场关于腐坏过程的科学辩论。许多相信自然发生论的科学家认为，造成腐坏的微生物纯粹是从无生命的尘土中突然出现的。19 世纪 60 年代，巴斯德证明了上述观点是错误的。他确信，造成腐坏的微生物一定存在于空气中，这一观点暗示了微生物与法兰卡斯特罗的致病"种子"之间的关系。

即便如此，要找到证明细菌和传染病之间存在直接联系的有力证据还得再花上几年时间。第一个真正证明了这样一种联系的科学家叫罗伯特 · 科赫，他在 1876 年发表的炭疽研究论文中对此进行了论述。由此，疾病的细菌理论就渐渐被人们所接受了。

科赫的研究给出了证明细菌与疾病之间存在联系的直接证据。

2. 关键点梳理

虽然已有许多间接证据支持疾病的细菌理论，但科赫给出了第一手的直接证据。他生活在一个炭疽病流行的地区，通过在显微镜下仔细研究受感染动物的血液，他发现其中有一种健康动物体内没有的杆状结构，并指出这些结构就是细菌。他还发现，将受细菌污染的血液注射进入健康动物体内后，后者很快就感染了炭疽病。这一发现暗示了细菌和疾病之间存在直接联系。

参考阅读 //
No. 47 生源论假说，第98页

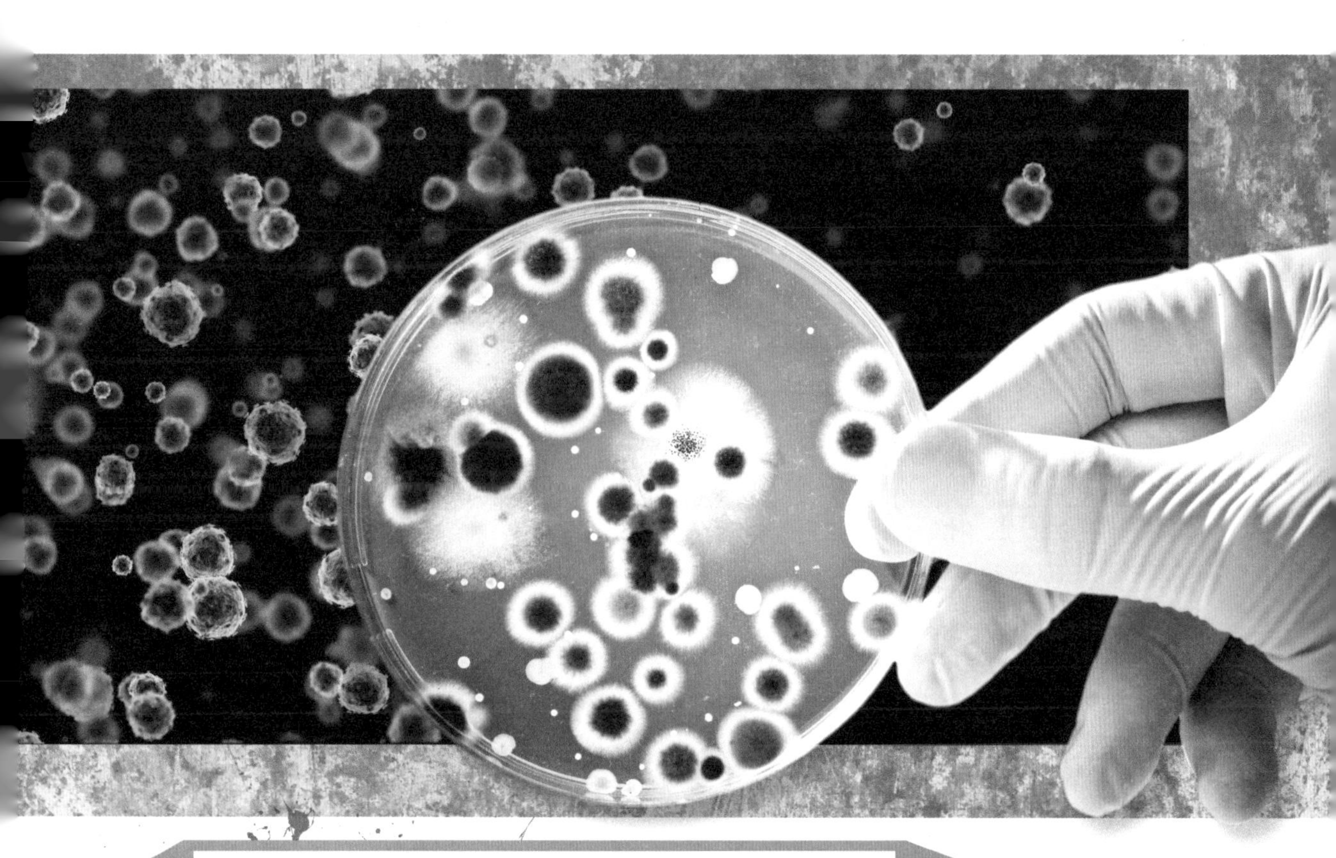

3. 一分钟记忆

持怀疑态度的科学家们经过数百年的时间才接受了疾病的细菌理论。

但在今天，我们理所当然地认为传染病通常是由微生物引起的。

No.49

安慰剂效应

一个医学之谜

约翰·海加斯（1740—1827）

1. 多维度看全

19世纪初，很多人都相信，那些金属棒——珀金斯牵引器——可以减轻所有疾病带来的痛苦。病人仅需将金属棒与身体接触，很快就会感觉好些了。约翰·海加斯却不相信这些。1801年，他用木头制作了一些假的珀金斯牵引器来“治疗”五位病人，结果其中四位都宣称接受治疗后感觉好些了。

海加斯的试验可能是医学史上第一例针对安慰剂效应的正式研究，他认为，该试验结果揭示了在治愈疾病的过程中病人怀有治愈希望的重要性。然而，19世纪的医学界却普遍认为，安慰剂就是欺骗手段。在使用安慰剂之后病人的情况可能会有所好转，但这纯粹是因为病人在接受“安慰剂治疗”前已经处在康复阶段了。

实际上，直到20世纪30年代，科学家们才开始怀疑存在更多的病愈因素。当哈罗德·迪尔和同事们在对一种针对普通感冒的疫苗进行试验时，他们发现，接受了安慰剂治疗的受试者的试验效果要比没接受安慰剂治疗的受试者好一些。到了20世纪50年代，安慰剂效应已经是一个被人们接受的现象了。

因为安慰剂效应发生的方式多种多样——甚至有外科安慰剂——许多医学研究人员都认为，一定存在多种不同的安慰剂效应，它们会通过截然不同的途径发生作用。例如，在某些情况下，安慰剂效应是一种习得性反应：经验教会人们对一种疗法起效抱有期待，所以他们的身体会作出相应的反应。包括尼古拉斯·汉弗莱在内的其他科学家则认为，安慰剂效应仍是个谜团，仅在进化的背景下有意义。科学界至今仍未找到针对安慰剂谜题的完整答案。

尽管关于安慰剂效应的研究已经进行了两百多年，科学家们仍然没有完全理解这种现象。

2. 关键点梳理

2002 年，汉弗莱提出，应该从进化角度来理解安慰剂效应。人体内负责健康的系统已经进化出在最恰当的时间点与疾病抗争或治愈受损部位的功能。例如，在被狮子追捕的过程中扭伤了脚踝的动物会忽视疼痛继续奔跑。安慰剂可以改变机体的判断——身体会把假性治疗错以为是真的，认为它真的是在削弱疾病。在这样的情况下，负责身体健康的系统就会利用这种感知到的削弱而乘势采取行动，最后事实上是全凭其一己之力战胜了疾病。

参考阅读 //
No. 1 自然选择进化论，第 6 页

3. 一分钟记忆

安慰剂效应流传甚广、举世皆知，针对它开展的研究不可胜数。但这种效应发生的确切原因仍旧是一个未解的科学之谜。

No.50
抗生素耐药性的概念
一个已经预见到的问题

1. 多维度看全

1928 年 9 月 28 日，亚历山大 · 弗莱明一觉醒来——如他后来所写——就发起了一场医学革命。由于一个失误，他在试验室里培养的一个细菌菌种受到一种真菌的污染，于是真菌周围的细菌全部都立即死亡了。弗莱明意识到，这种（名为青霉素的）真菌一定产生了一种能杀菌的化学物质。数年之后，科学家们弄清楚了怎样离析以及大规模生产出这种化学物质。青霉素开启了抗生素时代。

然而，在 20 世纪 40 年代早期这个抗生素时代的黎明时期，弗莱明就已经在担心会进化出耐受抗生素的细菌。他的担忧并没有错。如今，抗生素耐药性是医学界面临的最紧迫的危机之一，这一点已成为共识。

弗莱明的警告主要是和抗生素的滥用有关。例如，如果细菌有规律地接触非致命剂量的普通抗生素，它们就有可能进化出能使它们抵御药物作用的新版基因。

不幸的是，到了 20 世纪后半叶，抗生素滥用变得非常普遍。在众多问题中，有一个问题非常突出：人们经常使用抗生素来治疗病毒感染，尽管病毒在生物学上与细菌差别巨大，根本不会对抗生素治疗有什么反应。

这个问题变得更加严峻还有另外一个原因。大约就在弗莱明针对抗生素的耐药性向世人提出警告的同一时间，科学家们开始意识到细菌有一种特殊的能力：它们可以和遇到的其他微生物交换基因（参考阅读：水平基因转移，第 28 页）。今天，研究人员已经发现，这种水平基因转移过程可使耐药基因在微生物种群中迅速传播。

弗莱明对青霉素的研究工作开启了抗生素革命。

2. 关键点梳理

细菌在生存环境中面临着巨大压力，这使得它们会不断进化出一些机制来回避问题，从而提高其生存概率。抗生素就是另一种压力。如果低剂量的药物一直存在，那么该种群中的某些细菌就会进化出抗药性，并且抗药性会进一步扩散，这几乎是不可避免的。不论这种抗生素多么有效，如果它被滥用，那么细菌就会设法抵消抗生素的效力。

参考阅读 //
No. 1 自然选择进化论，第 6 页

亚历山大・弗莱明（1881—1955）

3. 一分钟记忆

药物的滥用使抗生素耐药性成为当今世界面临的最严峻的医学挑战之一。

但真正可悲的是，科学家们在抗生素时代开始之初就已经预见到了这个问题。

No.51 神经元学说

现代神经科学的黎明

1. 多维度看全

1906年，圣地亚哥·拉蒙-卡哈尔和卡米洛·高尔基因在神经系统结构方面的研究成果而共同获得了诺贝尔生理学或医学奖——尽管这两位研究者对于该结构有着很不一样的看法。

数百年来，科学家们都以为神经系统就像血液系统那样通过液体的流动来运转。直到18世纪，特别是在路易吉·加尔瓦尼指出神经和肌肉似乎受控于电路信号而非液体信号之后，这种“液压脑”观点才不再受到追捧。然而，电路信号如何在体内传播仍是一个未解之谜。

圣地亚哥·拉蒙-卡哈尔（1852—1934）

到了19世纪30年代，显微镜技术有了较大进步，这使得科学家们可以清楚地观察到活体组织几乎总是由细胞构成。马蒂亚斯·施莱登和西奥多·施旺进一步发展了这一细胞理论，但神经系统似乎仍是游离于细胞理论之外的一种奇怪的非细胞特例。

高尔基确信如此。19世纪70年代，他发明了一种新的试验方法，即通过“污染”一份生物样本中的神经组织来让它在显微镜下更容易被观察到。他的研究表明，神经系统是由许多广泛分布于生物组织之中的树枝样的线状物构成的一个盘根错节的网络，但是高尔基确信，这些线状物构成的是一个单一网络（或“网状组织”）。他认为，从大脑至脚下分布的整个神经系统是一个单一的连续网络。这个理论后来被称为“网状学说”。

拉蒙-卡哈尔在19世纪80年代展开了针对神经系统的研究。他提出，自己的观察结果明确显示了神经系统其实是由未融合在一起的独立细胞（后来被命名为神经元）构成。他的研究推动了神经元学说的发展，且终被科学界广泛接受。神经科学至此进入了现代发展阶段。

神经系统由彼此独立的细胞构成，这些细胞在其接合点即神经元突触处进行信息传递。

2. 关键点梳理

科学家们识别出单个神经细胞（神经元）要耗费相当长的时间，一部分原因是这种细胞的结构非常错综复杂；还有一部分原因是很难找到一种有效的方法来“污染”神经元，使它们的整体结构在显微镜下可见。拉蒙-卡哈尔改进了高尔基的着色技法，从而首次观察到了该神经组织的细节——这帮他确认了神经元的相互独立性。

参考阅读 //
No. 52 淀粉样变级联假说，第 108 页

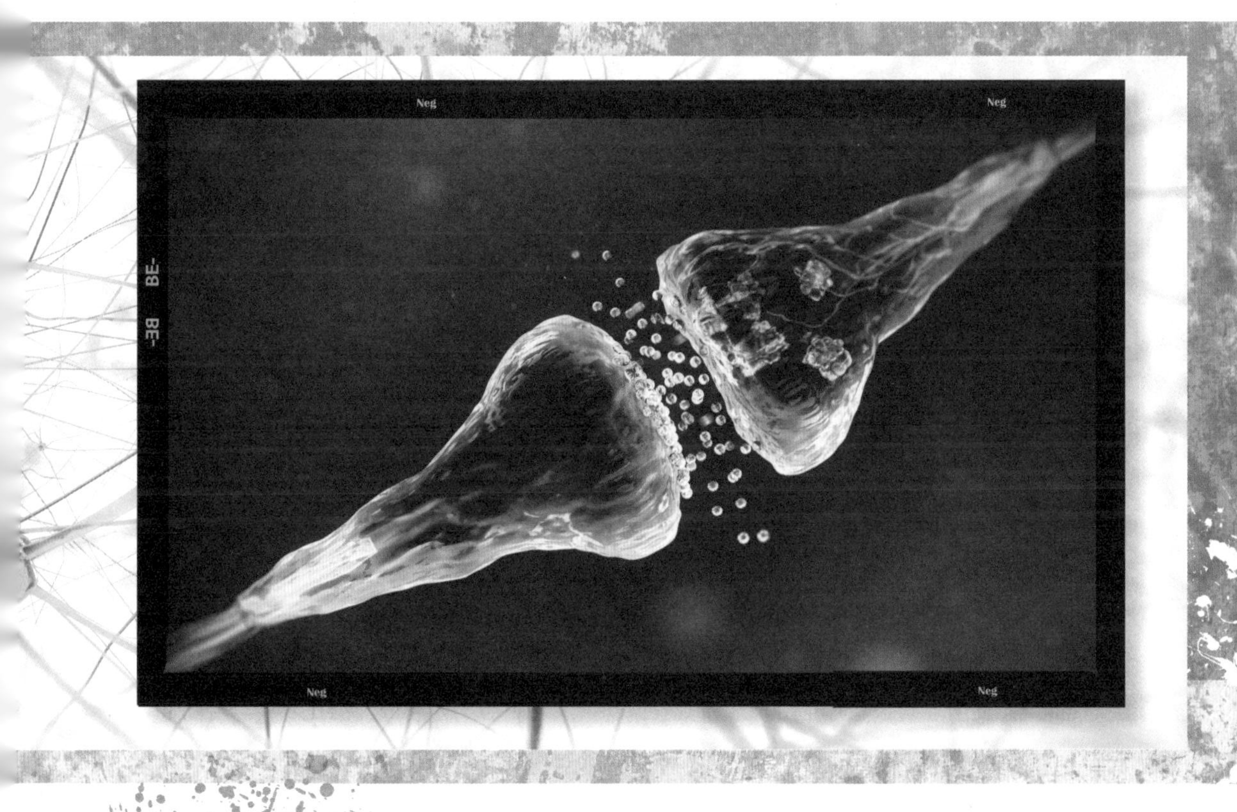

3. 一分钟记忆

神经元学说宣称，神经系统由许多各自独立、结构复杂的神经元构成。

该理论在帮助现代科学界理解神经系统如何运转上起到了重要作用。

No.52
淀粉样变级联假说
对阿尔茨海默病做出解释

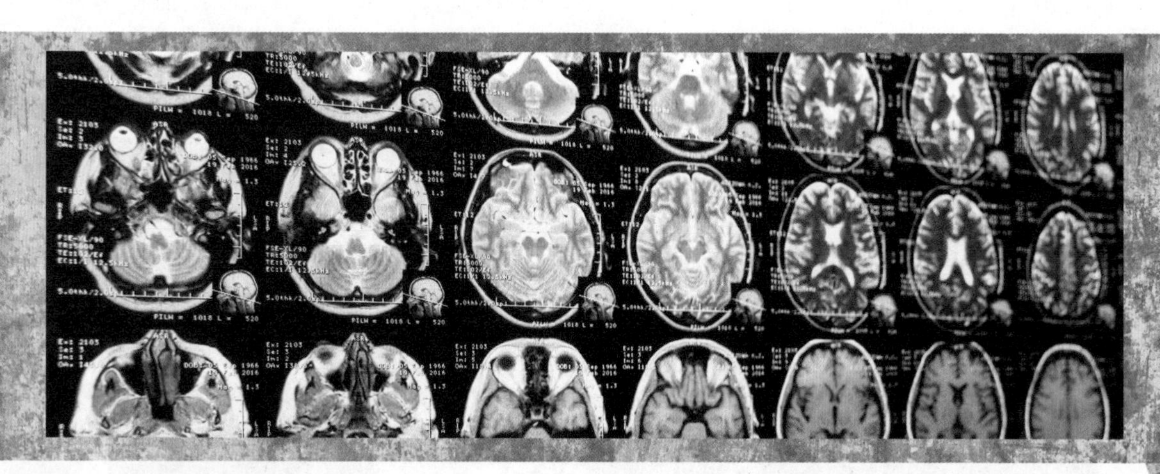

1. 多维度看全

1901 年，爱罗斯·阿尔茨海默开始研究一名短期记忆有问题的病人。她名叫奥古斯特·德特尔，住在法兰克福收容所。数年之后，55 岁的德特尔去世。阿尔茨海默仔细检查了她的大脑，发现在她的脑细胞周围生长着奇怪的蛋白质缠结。1910 年，阿尔茨海默的同事埃米尔·克雷佩林宣布，德特尔死于一种从未见过的疾病，并以他同事的名字将这种病命名为阿尔茨海默病。

从那时起，神经科学家们就一直在讨论阿尔茨海默病的本质和成因。作为大众心目中最为常见的痴呆症，阿尔茨海默病伴有多种特征。通常有两种截然不同的蛋白质堆积形式——淀粉样蛋白斑和神经纤维缠结——会出现在已死于该病的病人的脑细胞周围。它们是否都是导致该病的直接原因？抑或其中之一（或两者）纯粹只是随着病情发展而出现的呢？

20 世纪 90 年代早期，约翰·哈迪和杰拉尔德·希金斯提出，是淀粉样蛋白斑触发了阿尔茨海默病。他们的试验室研究结果显示，这些斑块不是会对脑细胞产生毒性，就是会提高脑细胞对其他毒物的敏感度。哈迪和希金斯提出，只有在淀粉样蛋白斑开始形成之后，其他的疾病特征才会出现。

淀粉样变级联假说虽然曾引发争议（现在仍是），但它已经成为阿尔茨海默病的主流解释方案，并促进了用来减少淀粉样蛋白斑形成的疗法的发展。现在，一部分这样的疗法似乎对阿尔茨海默病患者的记忆力提高有所作用。

2. 关键点梳理

研究人员观察到，唐氏综合征患者患上阿尔兹海默病的概率特别高，这一研究结果是淀粉样变级联假说发展的一个重要因素。那些患有唐氏综合征的病人可能带有三条21号染色体（而非标准的两条），这就意味着他们体细胞内含有一份额外的基因副本在这条多出的21号染色体上，这里就包括根本上导致淀粉样蛋白斑形成的那个基因的额外副本。照此情况，唐氏综合征患者的体细胞也许会产生数量多到超乎寻常的淀粉样蛋白斑，这就解释了为何这类人群特别容易患上阿尔兹海默病。

阿尔兹海默病伴有一系列令人迷惑不解的症状。

参考阅读 //
No. 17 遗传的染色体学说，第38页

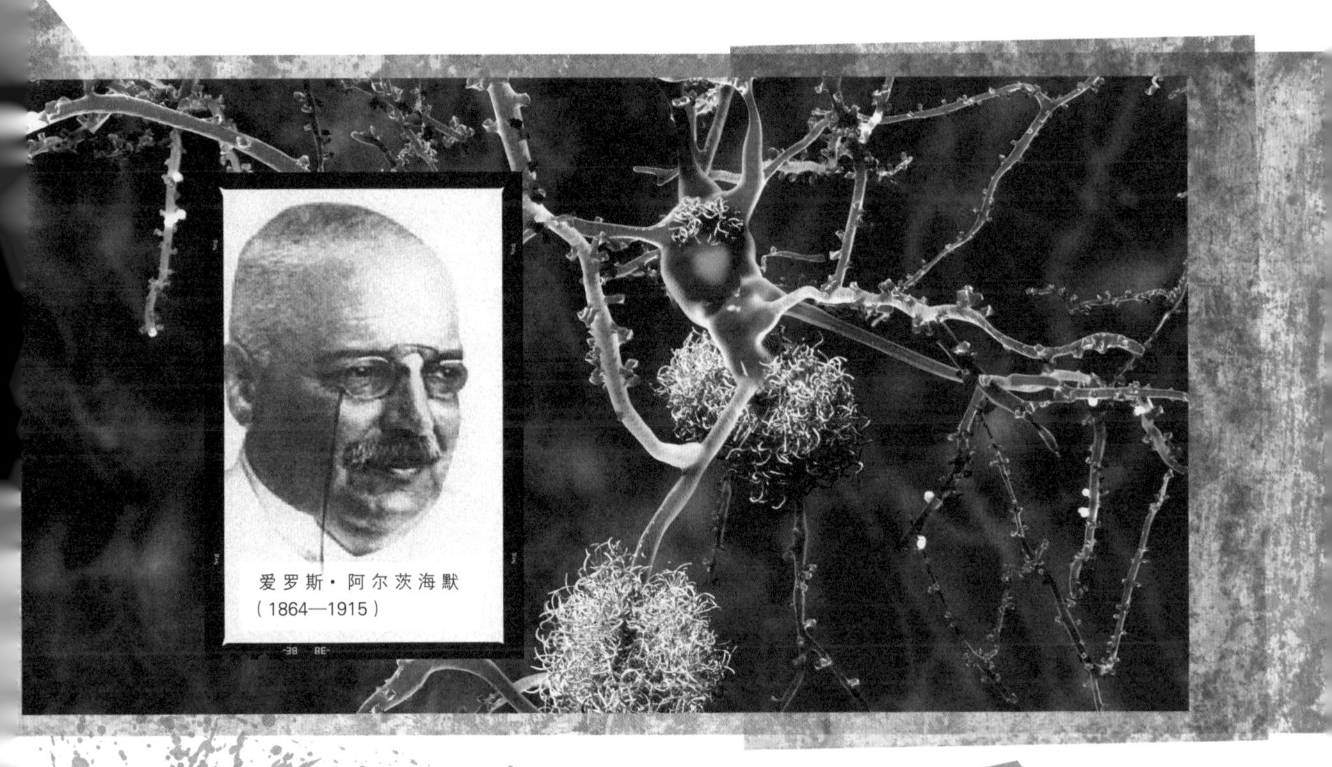

爱罗斯·阿尔茨海默
（1864—1915）

3. 一分钟记忆

淀粉样变级联假说在试图解释阿尔兹海默病伴有的一系列令人迷惑的症状。

其目的在于找出一个单一病原作为治疗的目标。

No.53 海弗利克极限

为何死亡从细胞开始

1. 多维度看全

人类是必然会死亡的，但20世纪早期的许多科学家都确信人类个体的细胞不会死亡。1912年，亚历克西·卡雷尔将从鸡胚中取出的心脏细胞放在试验室里进行培养，并声称这些细胞培养物不会死亡。直到1946年（卡雷尔去世之后），这个名为“永生”的细胞试验便终止了，而这些细胞培养物也随之被丢弃了。

数年之后，伦纳德·海弗利克开始怀疑卡雷尔的永生断言可能有问题。培养细胞是海弗利克研究工作的一部分，通常来讲这些细胞会很快停止生长和增殖。1961年，海弗利克和他的同事保罗·穆尔黑德证明了一个事实：健康的人类体细胞的分裂次数为40到60次。后来这个数字区间就被称为细胞分裂的海弗利克极限。

亚历克西·卡雷尔（1873—1944）

20世纪70年代，科学界渐渐知晓了海弗利克极限存在的原因。细胞分裂时会复制其基因组中的DNA，但构成DNA链的分子难以完成这项任务。它的作用类似于拉链上的拉头：它将DNA分子的两条链连接在一起，但DNA链的末端位于分子本身的下方，所以DNA分子的两条链没法连接在一起。阿列克谢·奥罗弗尼克夫（Alexey Olovnikov）提出，这种现象意味着一条DNA链每被复制一次就会略微缩短一些。

到了20世纪80年代，伊丽莎白·布莱克本和卡罗尔·格雷德发现了一种特殊的酶，即端粒酶。它会帮助重建DNA链被截短的一端。在1998年进行的一项研究中，安德烈亚·博德纳尔及其同事发现：如果人类体细胞被设计出产生端粒酶的功能，那么它们终将超越海弗利克极限而实现永生。即便如此，也鲜有科学家将端粒酶视为神奇的“不老泉”。

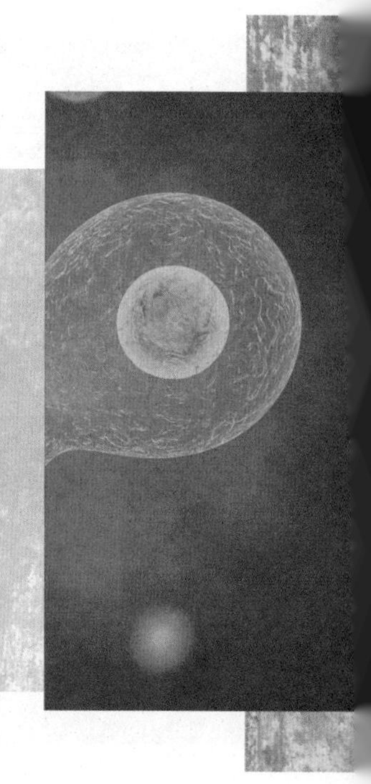

大多数细胞会分裂和复制，但并不会无限期地持续下去。

2. 关键点梳理

海弗利克和穆尔黑德确信细胞培养物不会永远分裂繁殖下去，但他们所研究的细胞培养物有可能会因为试验室技术上出现问题而不断死亡。为了排除上述可能性，他们从已经分裂过多次的“年老”细胞群和只分裂过寥寥几次的“年轻”细胞群这两类细胞群中分别取一些结合在一起，制造出了新的混合细胞群。海弗利克和穆尔黑德首先观察两个原始细胞群，当“年老”细胞群死亡时，他们便转而观察混合细胞群。当该细胞群中的“年老”细胞也死亡时，“年轻”细胞仍然在茁壮地生长。试验室技术没有问题，细胞培养物生长到足够年老的时候确实会自然衰亡。

参考阅读 //
No. 19 双螺旋模型，第42页
No. 54 肿瘤干细胞假说，第112页

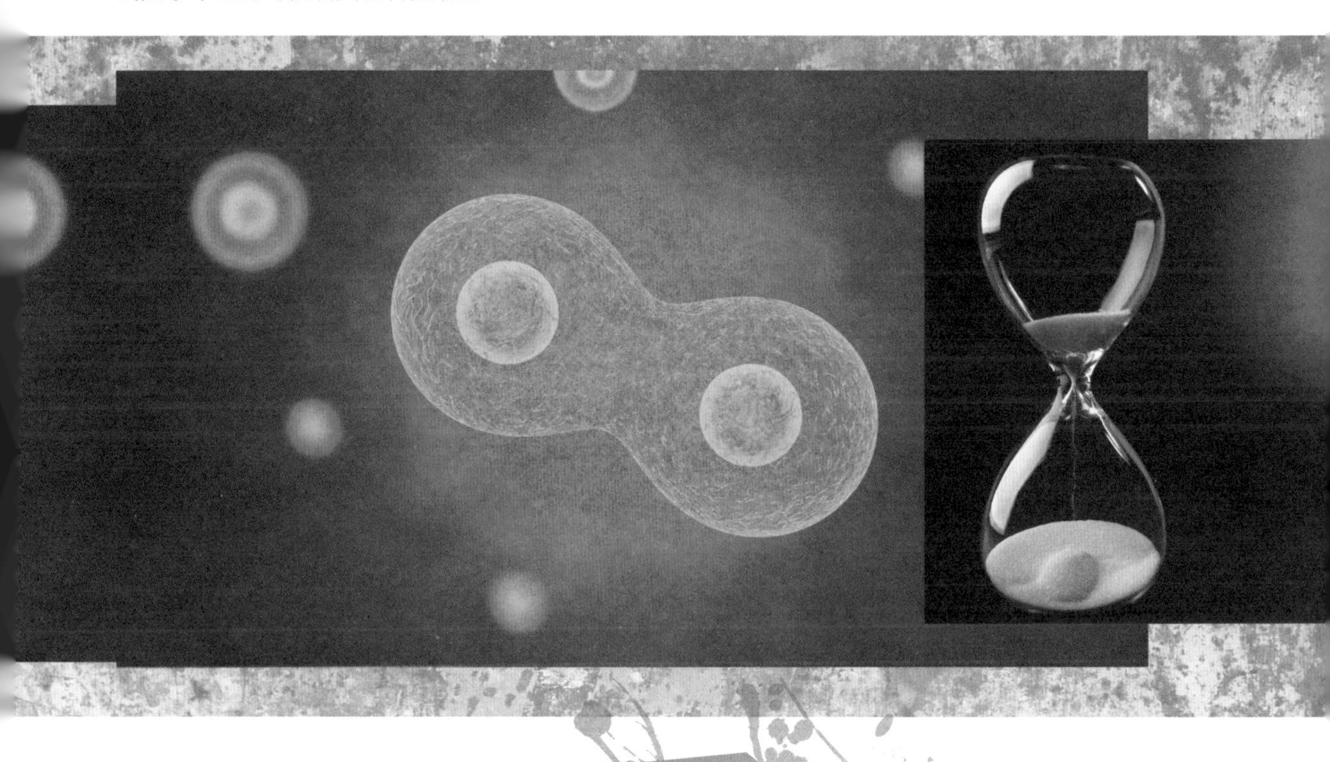

3. 一分钟记忆

海弗利克极限为人类正常细胞群的分裂能力设定了一个基本上限。

但包括某些癌细胞在内的少数细胞，似乎已经找到了避开这个极值的方法。

No.54 肿瘤干细胞假说

某些癌细胞会更危险吗

1. 多维度看全

20世纪50年代，切斯特·索瑟姆和亚力山大·不伦瑞克开展了一些试验，按现代标准来看，这些试验可能会被认为存在伦理问题。他们把从癌症患者身上提取出的癌细胞移植到该患者身体的其他部位（大腿或手臂），来研究该组织在身体的健康部位形成新病灶的难易程度。

令人惊讶的是，长出新肿瘤的难度很大，除非植入超过一百万个癌细胞才有长出肿瘤的可能。为什么？

到了20世纪90年代，科学界出现了两种学说来解释这一试验结果。随机理论认为，任何一个癌细胞都有可能长成一个新发肿瘤，但其成功概率非常低。而等级理论则认为，可能只有一类非常罕见的癌细胞能长成一个新发肿瘤。

1994年，约翰·迪克发表了一项研究成果来证明等级理论。小鼠试验表明，动物白血病只会由一种罕见的癌细胞引发。这种细胞后来被称为“肿瘤干细胞”。

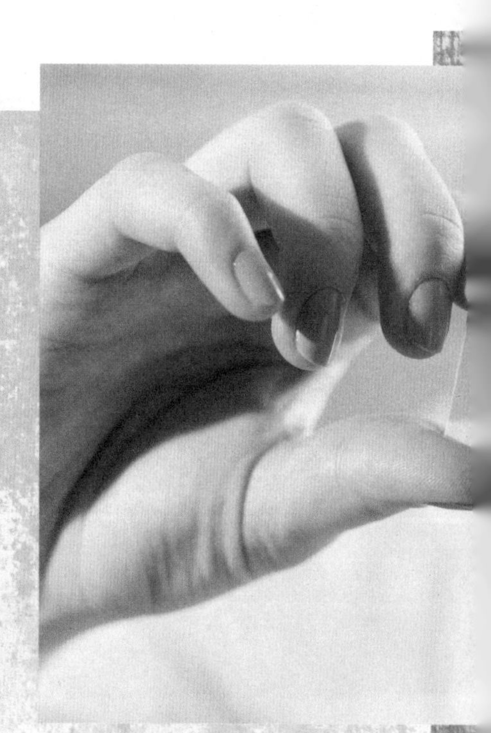

当为数不多的肿瘤干细胞着生于健康的身体组织的时候，肿瘤就有可能开始生长了。

迪克的研究结果遭到了许多科学家的驳斥。反对者们指出，仅仅在一种类型的白血病病例中找到发挥肿瘤干细胞作用的某物还不足以证明等级理论是正确的。但在几年后，迪克及其同事又在多种类型的白血病病例中找出了更多肿瘤干细胞起作用的证据。到了2004年，迈克尔·克拉克和他的同事们在乳腺癌肿瘤中发现了肿瘤干细胞，至此，肿瘤干细胞存在于更典型的“固体”肿瘤中的证据浮出了水面。虽然仍然不乏反对的声音，但是许多科学家已开始接受癌症的等级理论即肿瘤干细胞假说。

2. 关键点梳理

迪克很清楚，大多数白血病细胞的分裂增殖次数都是有限的。于是他推测，为了保证肿瘤的持续生长，肯定存在一种几乎可以无限自我更新和繁殖的特殊细胞群。健康组织中的这种细胞被称为干细胞，那么癌症肿瘤中也可能有干细胞。迪克和他的同事们将人类白血病细胞注射进小鼠体内后，一小部分癌细胞便在小鼠的骨髓中安了家，并且开始大量增殖。这些数量极微的癌细胞就发挥着肿瘤干细胞的作用。这个发现使迪克确信，他的推测没有错。

参考阅读 //
No. 53 海弗利克极限，第110页

3. 一分钟记忆

一些科学家怀疑，恶性肿瘤的生长可能是由一小撮肿瘤干细胞维持的。

如果情况就是如此，那么如果能专门定位并摧毁这些细胞，癌症的治疗可能会更有效。

No.55 嗅觉的形状理论

我们的嗅觉如何发挥作用

1. 多维度看全

1870 年，威廉 · 奥格尔对人类嗅觉的运行机制做出了一种推测。那时，人们已经知道，视觉和听觉分别与光波和声波有关，于是他提出，嗅觉可能也和某种波动或振动有关。

20 世纪 20 年代，马尔科姆 · 戴森发展了奥格尔的观点。随后，许多科学家开始认为，分子气味肯定会以某种方式与其组成原子间的连结的振动的特殊方式相关联。然而，这种观点却渐渐失去了支持，很大一部分原因是证明嗅觉和分子振动之间关联的试验失败了。

与此同时，另一种模型出现并取代了嗅觉的振动理论。20 世纪 40 年代中期，莱纳斯 · 鲍林强调了分子的物理形状在分子反应的方式上所起到的重要作用。到了 20 世纪 40 年代末，罗伯特 · 怀顿 · 蒙克里夫提出，分子形状可能就是嗅觉产生的根源。

理查德 · 阿克塞尔（1946— ）

这种观点认为，气味基于某种“锁与钥”系统：在鼻腔内部肯定存在一种受体系统，空气中的气味分子附着其上，从而使我们闻到气味。

20 世纪 90 年代，蒙克里夫的嗅觉的形状理论迎来了一次重要的进展。琳达 · 巴克和理查德 · 阿克塞尔找到了鼠鼻中疑似嗅觉感受器的东西，并且发现它们发挥作用的方式与形状理论中所阐述的一样。形状理论随之便成为主导模型。不过，20 世纪 90 年代也诞生了一个新版的嗅觉振动理论。该理论的支持者称，此时对人类嗅觉的科学探讨盖棺定论，还为时尚早。

直到最近，相关研究才完全解释清楚我们的嗅觉是怎样运作的。

2. 关键点梳理

尽管当时科学界在对神经系统的理解上取得了上述进展，但能对气味产生应答的神经感受器直到1991年才被清楚地识别出来。巴克和阿克塞尔观察了基因在小鼠鼻粘膜内的运作方式，发现有一个基因家族异常活跃。这个家族中含有数百个相互关联的基因，每个基因都会产生一个独有的蛋白质分子。两位科学家认为，这些分子有可能就是气味感受器。这些分子的数量非常多，而且空气中的每一个气味分子都对应一个特定的感受器，这表明嗅觉机制非常复杂。巴克和阿克塞尔的推论和蒙克里夫的嗅觉的形状理论是相符的。

参考阅读 //
No. 51 神经元学说，第106页

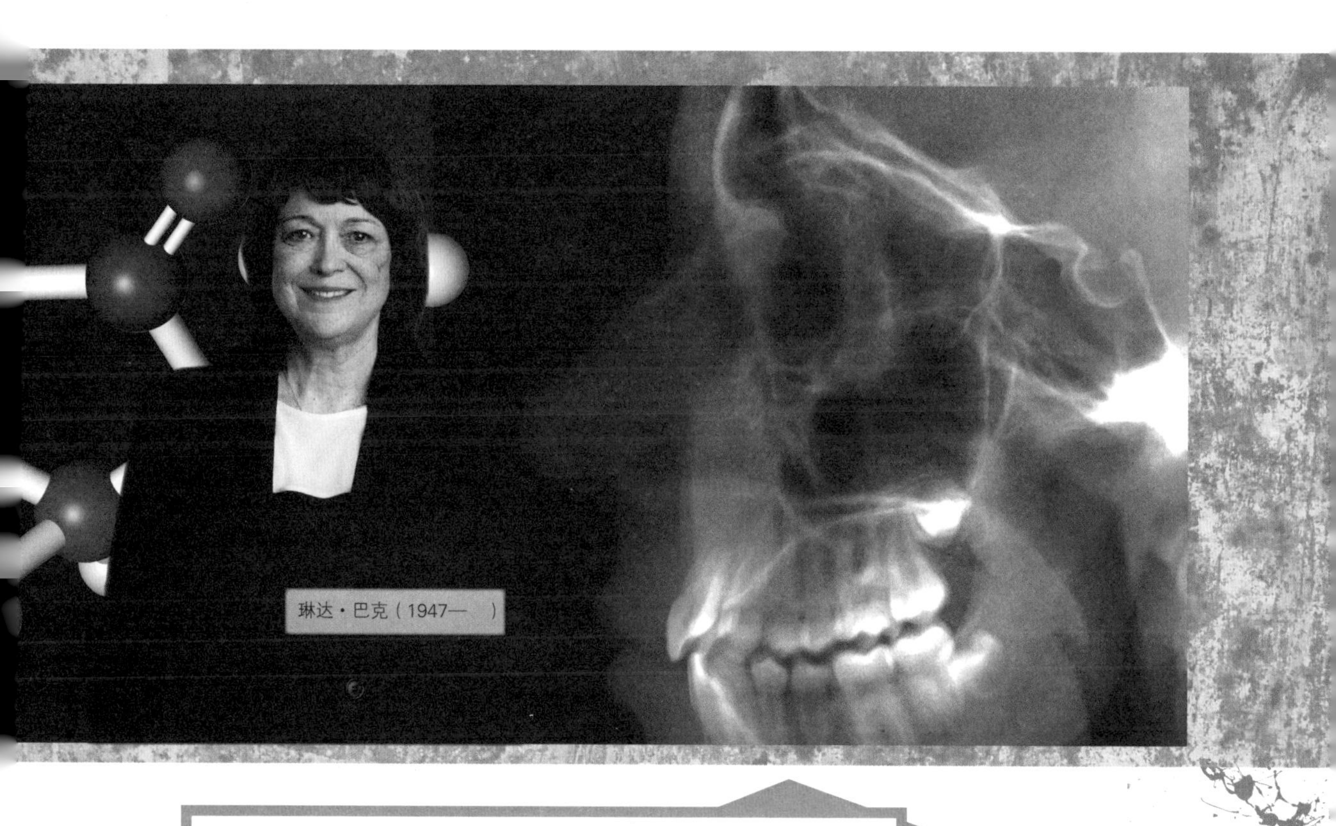
琳达·巴克（1947— ）

3. 一分钟记忆

在传统的五种感官中，嗅觉是最难解释的。

但是大多数科学家都认为，气味分子就像钥匙，而我们鼻腔中的气味感受器就像锁，它们是一对一适配的。

物理学

No.56 牛顿万有引力定律

科学界最著名的苹果

1. 多维度看全

17 世纪时就有许多顶尖科学家研究引力的本质。后来艾萨克 · 牛顿邂逅了他的那只苹果，由此做出了一个重大突破。

虽然关于牛顿与苹果的故事已经被传播成了都市传奇，但我们有理由认为它是有据可依的——可参见与牛顿同时代的威廉 · 斯蒂克利所写的一份文件。

当牛顿看到苹果落地的时候，他的脑袋里闪过的念头是什么？对于这个问题，没有人有十足的把握能准确回答，但人们推测，他应该是意识到了这个果子从一种（附着于枝条的）静态转转移到一种（往地面加速垂直下落的）动态。这个现象暗示，肯定有一种神秘的力量使苹果加速向地面坠落。这种力量就是我们现在已知的地球引力。

于是便有了被广泛认为是牛顿的灵光乍现的观点。如果地球引力对地表上方的苹果起作用，那么有没有可能它对距离地表更远的物体就不起作用了呢？牛顿认为有可能。在牛顿所处的时代，科学界已经知道了月球是围绕着地球转动的。牛顿通过计算得出，月球绕地的速度与地球引力的作用达到某种平衡：月球绕地的速度没有快到脱离地球引力而飞出轨道外，又没有慢到完全受制于地球引力而撞上地球，所以它会沿着轨道运行下去。

万有引力定律怎会到此就戛然而止了呢？牛顿提出，他的理论同样可以解释为何地球会围绕太阳转动。事实上，他所暗示的就是，万物皆有引力。宇宙中的每一个物体一定受到其他物体的引力影响，尽管这种影响力随着两个物体之间的距离增加而减弱。万有引力定律由此便获得了广泛而深远的影响力。

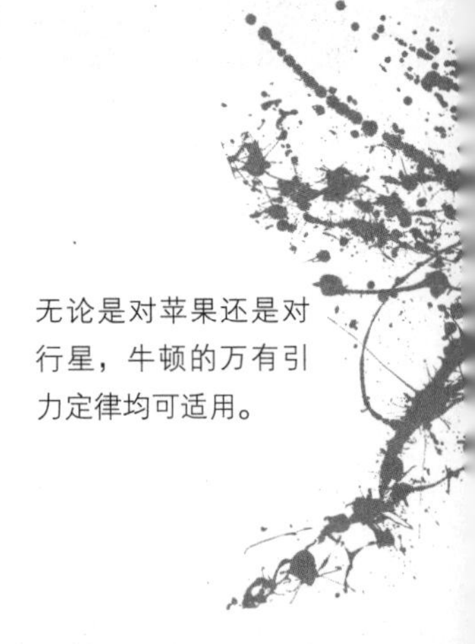

无论是对苹果还是对行星，牛顿的万有引力定律均可适用。

2. 关键点梳理

想象牛顿捡起那个著名的苹果，并将它扔了出去。这个苹果在落地之前可能会在空中飞行一小段距离。一名更擅长投掷的运动员还可以把它扔出去更远，比如说，十倍远的距离。接着再想象一名强壮到超出现实情况的运动员，他可以把苹果扔出去绕着地表飞一圈。事实上，如果这名运动员真的将苹果扔出去足够远的距离，苹果将会一直保持着脱手时的高度，连绕地球飞行一圈也不会改变，然后苹果将会持续绕地球飞行下去（如果我们为简化条件，假设苹果不会因和空气摩擦而速度减慢），即该苹果做沿轨道运行的运动。通过上述一系列的推理，物理学家们接受了牛顿定律能够解释地球为何绕日转动的事实。

参考阅读 //
No. 57 牛顿的运动定律，第 118 页
No. 68 广义相对论，第 140 页

3. 一分钟记忆

不论是一颗行星还是一个人，每个物体都在把宇宙中的其他物体朝自己的方向拉扯。

这种引力的强度取决于该物体的质量和它与其他物体之间的距离。

No.57

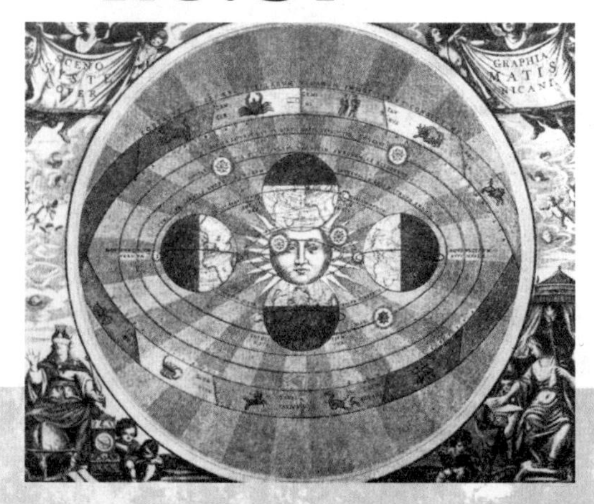

牛顿的运动定律

天空是如何失去神秘感的

1. 多维度看全

到了17世纪的早期，科学家们已经在可观测的宇宙中有了一些令人吃惊的发现。尼古拉·哥白尼和约翰尼斯·开普勒已经分别解释了（包括地球在内的）各大行星绕太阳转动的现象，并且计算出了这些行星的轨道形状。然而，没有人真正清楚行星以如此方式绕日飞行的原因。艾萨克·牛顿针对这个谜团给出了一个答案。

牛顿的三大运动定律解释了一个物体受力时如何改变其运动速度与运动方向的问题。牛顿三大定律中最著名的一条可能是第三条：每个作用力都会获得一个大小相等、方向相反的反作用力。牛顿用一匹拉被拴在绳子上的石头的马作为例子解释了上述观点。绳子拉紧时，石头就被用力拉向马，但与此同时，马也被一个相同大小的力朝石头的方向往回拉。换言之，石头对马的前进产生了一个反作用力，这就解释了为何马在移动石头时可能会很费劲。

牛顿的运动定律帮助解释了地球上物体的运动。更重要的是，牛顿意识到它们还可以用来解释各大行星的运动方式。

17世纪80年代，牛顿概述了其运动定律。在此之前，他就已经证明了宇宙万物都受到引力的影响。牛顿将对引力的理解与他对其运动定律影响物体的方式新的理解结合起来，突然间这些行星的飞行路径就能说得通了。

牛顿的理论被科学家们迅速认可，并且至今仍是物理学的核心内容。牛顿理论面世之后，宇宙便似乎不再那么神秘莫测和不可知了。

哥白尼改变了人们对太阳系的看法，而牛顿则给出了这些行星如此运行的原因。

2. 关键点梳理

一辆小汽车（连同车上的驾驶员）以恒定速度在路上行驶，除非有另一个作用力介入，否则他们将会一直保持该速度行驶下去。如果汽车撞上了墙，那么墙就会提供这样一个干预力。这个作用力反推向汽车，使之瞬间降速。不幸的是，忘记系上安全带的驾驶员却不会随之降速。因为他并没有直接撞上墙，所以他会继续以之前的速度向前运动，然后从驾驶座上腾空而起，撞破挡风玻璃，被甩出去。他成了牛顿运动定律的一名受害者。

参考阅读 //
No. 56 牛顿万有引力定律，第 116 页

尼古拉·哥白尼（1473—1543）

3. 一分钟记忆

牛顿的运动定律对于科学理解可观测宇宙起到了核心作用。

根据这些定律，从人类到星球的所有物体都以本质上相同的方式运动、变速和转向。

No.58

光的微粒说

到底什么是光

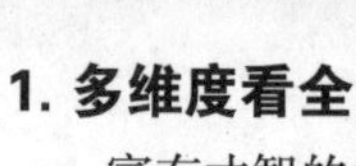

皮埃尔·伽桑狄（1592—1655）

1. 多维度看全

富有才智的思想家们在光的本质这个议题上已经讨论了至少2500年，而对光的现代理解则出现于17世纪。皮埃尔·伽桑狄在其中扮演了重要角色。

到了17世纪40年代，伽桑狄已经认识到，整个世界以及它所包含的一切事物都是由极其微小且不可分割的微粒所构成。根据他的观点，由微粒构成的事物不局限于实物，声、热和光也是以微粒的形式从一个地点传播到另一个地点。

艾萨克·牛顿阅读了伽桑狄的作品，并对其中的许多观点表示了赞赏。到了17世纪70年代，牛顿抛弃了勒内·笛卡尔、罗伯特·胡克等科学家支持的另一种模型即光的波动说，转而坚定地认为，把光描述为由微粒构成的光流是最为恰当的。

1704年，牛顿出版了系统阐述其理论的著作《光学》。牛顿在书中公布的针对色彩本质的试验细节使得该书迅速成为一部重量级著作。下个世纪的大多数科学家接受了光的微粒说，但最终物理学家们还是意识到，他们对光的认识还远远不够（参考阅读：互补性原理，第158页）。

牛顿的光试验使他确信，光的载体是极小的微粒。

2. 关键点梳理

牛顿将光设想为由极小微粒构成的流体是有充分理由的——这种模型帮助解释了他在进行光试验过程中所观察到的一些现象。尤其是光的反射现象，这是一个重要的考虑因素。由镜子反射的一束光的运动轨迹和一只从镜面上弹回的球的轨迹是一样的。牛顿认为，还有一点也非常重要，就是光与声音通过拐角的方式不同（他认为声音的载体是波）。这种种观察结果，只有当光的载体是微粒而非波时才能解释得通。

参考阅读 //
No. 59 光的波动说，第122页

3. 一分钟记忆

牛顿提出，光的载体是小到超乎想象的微粒。

光的微粒说非常流行的部分原因是牛顿其人拥有极高声望。

No.59
光的波动说
一个命运起伏的理论

1. 多维度看全

1803 年，托马斯 · 杨公布了一个看似简单的试验的结果，改变了科学家们对光的认知。他的发现非常惊人，以至于颠覆了由伟大的艾萨克 · 牛顿引发的一个持续了一个世纪的共识。

简言之，杨氏的“双缝试验”表明，只有假设光像波浪一样在空气中层层荡开才能解释得通其运动的方式。在此之前，占据支配地位（后由牛顿普及）的观点则是光线实际上是极小的球状微粒构成的粒子流（参考阅读：光的微粒说，第 120 页）。

事实上，杨氏试验就是对 100 多年前早已被科学家们阐述过的观点的复兴，比如勒内 · 笛卡尔就曾在 17 世纪 30 年代提出过光作波状运动的观点。

到了 17 世纪后期，克里斯蒂安 · 惠更斯拓展了笛卡尔的研究。他将光线描述为波，还发现自己的试验模型不仅可以用来解释光线如何在物体表面进行反射，还可以解释光线从一个介质（如空气）运动到另一个介质（如水）时如何产生折射（或“弯曲”）的现象。

托马斯 · 杨（1773—1829）

然而，尽管惠更斯的光模型的说服性至少能和牛顿的试验相提并论，但对 18 世纪科学界关于光的看法产生更大影响的是牛顿的理论。产生这种结果也许更多是因为牛顿拥有更高的声望，而非微粒说本身优于波动说。

无论如何，19 世纪初进行的杨氏试验已经引起了科学界的思想变革。几年之后，奥古斯汀 - 让 · 菲涅尔发展了惠更斯的理论，并以此向科学界解释了杨氏试验的结果。从此，光的波动说成为主导思想——至少到 20 世纪初期仍是如此（参考阅读：光电效应，第 152 页）。

杨氏试验似乎证明了光在空气中的运动载体是一系列的波动。

2. 关键点梳理

杨把一束均匀光投射到一块带有两条窄缝的不透明屏幕上。根据光的微粒说（以及简单的常识），他应该会看到屏幕背后的墙壁上出现两束分开的微光，但实际上杨看见的是暗光带和亮光带犹如条形码一样排列。他意识到光发生了衍射——光穿过窄缝时向四周扩散延伸，就像水通过窄口喷出一样。从两条缝中衍射出的光波对彼此产生了干扰和影响（再次类似于两条水波的相互作用），投射到墙上就形成了明暗相间的样子。

参考阅读 //
No. 80 电子双缝试验，第164页

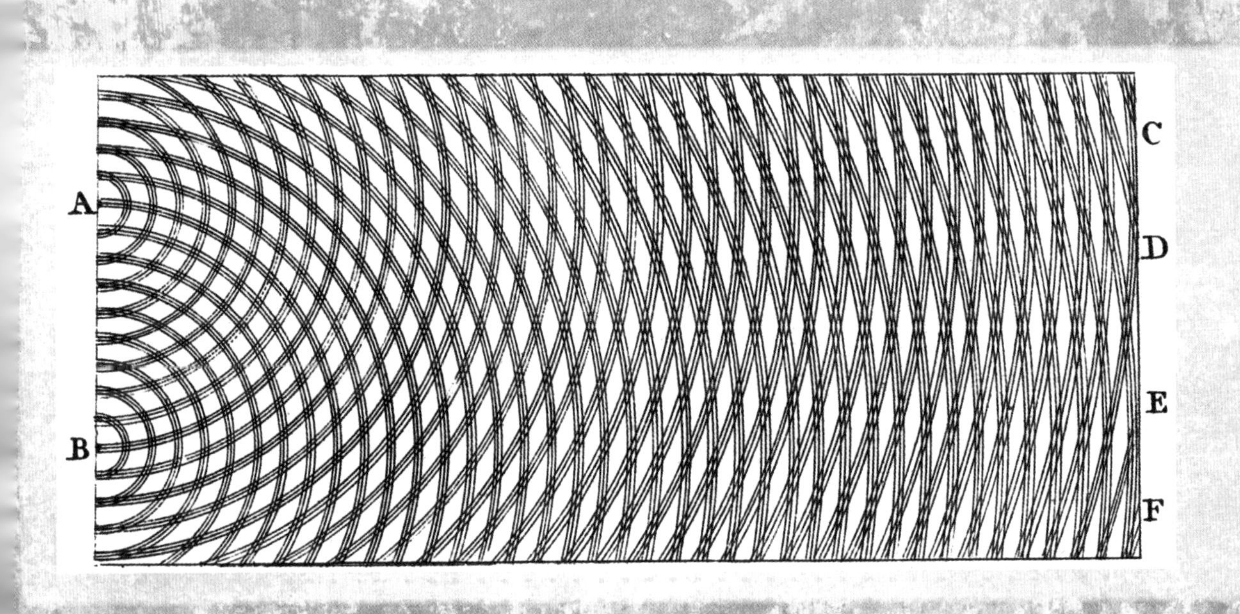

3. 一分钟记忆

牛顿使科学界坚信，光的载体是微粒。

杨氏试验虽然简单，但是它强大的说服力使得“光像波浪一样运动”这一濒临灭绝的理论再次兴盛起来。

No.60 麦克斯韦方程组

从新的角度研究光

1. 多维度看全

在 19 世纪这 100 年间发生的一系列事件使人们对光线的理解产生了变革性的变化，这从根本上为现代科技世界的到来铺平了道路。令人想不到的是，故事竟是从一只磁罗盘开始的。

1820 年，汉斯 · 克里斯蒂安 · 奥斯特在他的一次讲座中注意到，当他给罗盘旁边的电线通上电后，罗盘的指针产生了轻微的摆动。后来，他发表文章公布了这个发现。随后，包括迈克尔 · 法拉第在内的一些物理学家迅速开始就电和磁之间可能存在的关系进行了研究。

法拉第很快便发现，他能仅仅通过移动电线附近的磁铁来使电线内产生电流。这个现象证明了奥斯特所发现的电与磁之间的联系是双向的。电和磁实质上就是同一个硬币的两面。

但有一个问题的答案仍然不够清晰：磁铁是怎样影响电流的？电流又是怎样影响磁铁的呢？许多物理学家仅仅假设了电、磁这二者之间存在一些神秘而转瞬即逝的直接联系。法拉第并不赞同这些观点，他认为，肯定存在着一种能够使电磁“交流”的机制。他进一步提出，存在不可见的“力线”以限定的速度在某种介质（如空气）中运动，并会对物体的电磁性质产生影响。

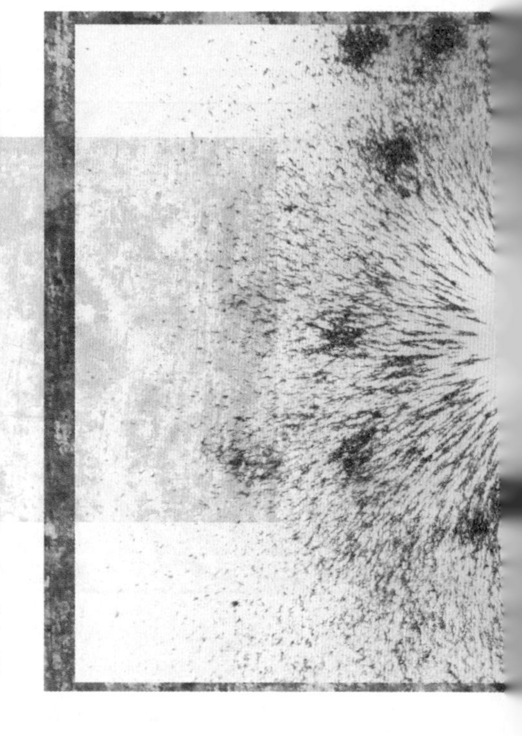

散落在一块磁铁表面的铁屑勾勒出了磁场的形状，电流也能产生相似的场。

对 19 世纪大多数持数字思维的物理学家来说，上述观点的表达似乎不是太清楚——除了对一个名叫詹姆斯 · 克拉克 · 麦克斯韦的人。19 世纪 60 年代，他发表了针对法拉第理论的数学研究结果，并总结，法拉第理论本质上是正确的。麦克斯韦方程组正式将电和磁统一为一种力，即电磁力。该方程组也有力地证明了光是一种电磁现象。麦克斯韦令人震惊的洞见，不仅得到了其他科学家的认可，还为后来的研究人员在医学影像和全球通信等各种领域中对光的应用创造了条件。

2. 关键点梳理

麦克斯韦提出，太空中充满了一种名为“以太”的不可见介质，电磁现象可以通过这种介质像水波一样运动。这些电磁波在物体之间运输信息，这就回答了前文中磁铁的移动是如何使电线内产生电流的问题。麦克斯韦通过计算预测，电磁波的运动速度极其快。实际上，其速度近似于已经计算出的光速。这暗示了光也是一种电磁波（参考阅读：光的波动说，第 122 页）。19 世纪 80 年代，海因里希 · 赫兹为麦克斯韦的理论找到了强有力的证据。

参考阅读 //
No. 65 以太假说，第 134 页
No. 66 狭义相对论，第 136 页

詹姆斯 · 克拉克 · 麦克斯韦（1831—1879）

3. 一分钟记忆

19 世纪初的科学家们已经知晓了大量关于电、磁和光的知识，但竟无一人料到这三者之间有着紧密的联系。

麦克斯韦方程组将这三者联系了起来，从而改变了世界。

No.61

波义耳定律

工业革命的开端

罗伯特·波义耳（1627—1691）

1. 多维度看全

17 世纪是一个科学变革的时代，因为当时的科学家们开始对那些流传下来的观点产生了怀疑。亚里士多德著名的“自然界里没有真空”的论断，暗示了不可能用物理的方式产生真空，而到了 17 世纪 40 年代，一些迹象表明，亚里士多德错了。

第一个制造了真空的人可能是埃万杰利斯塔·托里拆利，他在 1643 年的一场试验中完成了这个创举。随后，布莱士·帕斯卡和奥托·冯·格里克也制造出了真空，后者的许多试验尤为引人注目。在一次试验中，格里克将两个铜制的半球扣在一起，形成一只中空的铜球，然后将内部的空气抽出。结果，两队马匹合力也无法将两个半球分开。

这次试验表明，标准大气压肯定对物体施加了巨大的压力，压力大到任何试图分开铜球的力量都无法破坏两个半球合在一起的状态。罗伯特·波义耳听说了格里克的铜球试验，随后和他的助手罗伯特·胡克展开了自己的研究。到了 17 世纪 60 年代中期，波义耳发现了定量空气所承受的压力和空气体积之间的关系。这就是波义耳定律。

17 世纪 70 年代，丹尼斯·帕潘开始和波义耳一起探索波义耳定律在其他方面的应用。当时，人们已经知道，通过升高密闭容器中的空气温度也可以增大空气压力，帕潘利用这个原理发明了高压锅的前身，后来又为这个发明增加了一个安全阀门，来预防可能出现的危险爆炸。当帕潘观察到阀门用上下窜动的方式来释放压力的时候，他便意识到，热力和压力可以用来移动物体。随着 17 世纪末第一台蒸汽机的诞生，工业革命的脚步更近了。

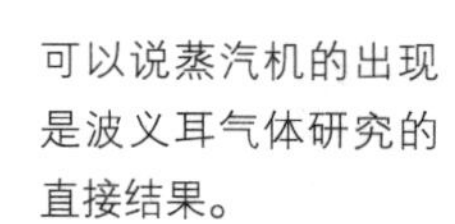

可以说蒸汽机的出现是波义耳气体研究的直接结果。

2. 关键点梳理

波义耳认为，气体是有弹性的。气体就像弹簧一样可以被挤压，不过一旦挤压的力量消失了，它就会反弹，恢复先前的体积。就在探索气体的弹簧性质之时，他注意到了一个模式。当挤压密闭试管中的气泡时，他发现他所施加的压力乘以被挤压气泡的体积，总是维持在大致相同的一个数值上。

换言之，随着压力上升，体积便会缩小，反之亦然。

参考阅读 //
No. 63 热力学第二定律，第 130 页
No. 70 气体动理论，第 144 页

3. 一分钟记忆

波义耳定律称，如果温度保持恒定，那么压力和体积成反比例关系。该定律推动了第一台蒸汽机的产生。

实际上，正是波义耳定律加快了工业革命的启动。

No.62 热力学第一定律

守恒的终极形式

1. 多维度看全

詹姆斯·焦耳探索物理世界的原因很实际。作为19世纪英格兰北部的一名啤酒制造商，焦耳非常热衷于研究如何更好地运用工业革命的新技术来最大化他的利润，而他对热的研究又反过来促进了科学的革命。

在焦耳开始研究前的数十年间，大多数物理学家都认为热是一种流体，自然地从温度高的区域向温度低些的区域流动，大致上就和水从高点流向低点差不多。这种热质说的核心假设是，热不会被毁灭，也不能被创造。

詹姆斯·焦耳（1818—1889）

焦耳在19世纪40年代进行的试验结果对上述观点提出了强烈质疑。焦耳提出，事实上，只要开启一台简易涡轮机就可以产生出新的热。当时，英国本土的同行们对此论断纷纷表示怀疑，但欧洲其他地区的科学家们得出了和焦耳相似的结论。几十年之前，本杰明·汤普森（拉姆福德伯爵）已经注意到使用机器在黄铜大炮上钻孔时会产生热的现象。朱利叶斯·罗伯特·冯·迈耶和赫尔曼·冯·亥姆霍兹也得出了相似的观察结果。

亥姆霍兹意识到，这些试验给出了某个普遍原理层面上的暗示。热的确能被创造和毁灭，但从一个更加宽泛的意义上来说，能量不能被创造或毁灭，它只是改变了形式（参考阅读：质能方程式，第138页）。亥姆霍兹所得出的结论对后世产生了深远的影响。能量守恒定律在短短几年内就被广为接受，如今成为热力学第一定律。

涡轮机发动的时候，会因摩擦而产生热。

2. 关键点梳理

焦耳为研究热的本质而做的最为著名的一场试验却是相对简单的。他先用线将砝码和涡轮机相连，然后将连接好的涡轮机放入一只绝缘桶中，并注满水。砝码掉下，桶内的涡轮机便会转动。此时，焦耳记录下一个数值的变化——桶中水温的升高。这一变化细节非常重要，如今科学家们明白它就是涡轮机叶片在水中转动所产生的摩擦力带来的的热。焦耳“创造”了热，但关键是他并没有创造能量。在使用一根线来悬挂砝码时，焦耳赋予了砝码“潜在”的能量。当它掉落时，这种能量也消散开，其中的一部分加热了桶中的水。

参考阅读 //
No. 63 热力学第二定律，第 130 页

3. 一分钟记忆

能量可以改变其形式。

但热力学第一定律认为，

从广义上讲，能量绝对不可能被创造或者毁灭。

No.63

尼古拉·萨迪·卡诺（1796—1832）

热力学第二定律

数量不变，质量下降

1. 多维度看全

17 世纪的重大科学进展为人们带来了实实在在的好处：蒸汽机（参考阅读：波义耳定律，第 126 页）。但早期的蒸汽机工作效率很低。19 世纪 20 年代，尼古拉·萨迪·卡诺开始致力于解决上述问题。

一些工程师曾经提议用液体替代蒸汽来提高发动机的效率，但卡诺认为，温度才是关键的变量，尤其是发动机滚烫的锅炉和周围相对较冷的空气之间的温差。卡诺指出，发动机是靠着从锅炉到四周的热流来移动活塞“做功”的。

他还提出，一台理论上完美的发动机锅炉中的全部热能——有用的能量——不是用来做功，就是继续保持一种潜在的有用状态。

卡诺的思想领先于他所在的时代 25 年。那时，热力学第一定律尚未被系统地阐述出来。19 世纪 50 年代的物理学家们（尤其是鲁道夫·克劳修斯和后来被封为开尔文勋爵的威廉·汤姆森）意识到，卡诺的论述其实为另一个热力学基本原理提供了最早的洞见。简单地说，他们认为，发动机的运转是一种单向过程，随着耗时增加，有用的能量将不可避免地减少。这是因为在真实世界里不存在卡诺完美发动机效率这样的东西。在一台真实发动机——或者由能量驱动的任何事物，包括一个活的有机体的运转过程中，一部分潜在的有用能量会转变为一种无用的形式。能量的总量或许还会保持不变，但随着时间流逝，能量的质量会下降。到了 19 世纪 60 年代，克劳修斯已经开始将这种随着时间流逝无用能量的比例不可避免地增大的现象称为“熵”的增加。这一系列的观点后来被称为热力学第二定律。

热力学第二定律对发动机的效率产生了限制作用。

2. 关键点梳理

不管是一台蒸汽机、一个活的有机体，还是可观测的宇宙，它们作为热力学系统都会对从高温区域到低温区域的（潜在有用）的能量运动加以利用。但这种系统的运转会或多或少地将有用能量转化为无用能量。最明显的一个例子是，随着蒸汽机的活塞运动，一部分能量会转化为摩擦所产生的热量。随着时间的推移，无用能量占比（熵）的增大将是不可避免的。

参考阅读 //
No. 62 热力学第一定律，第 128 页

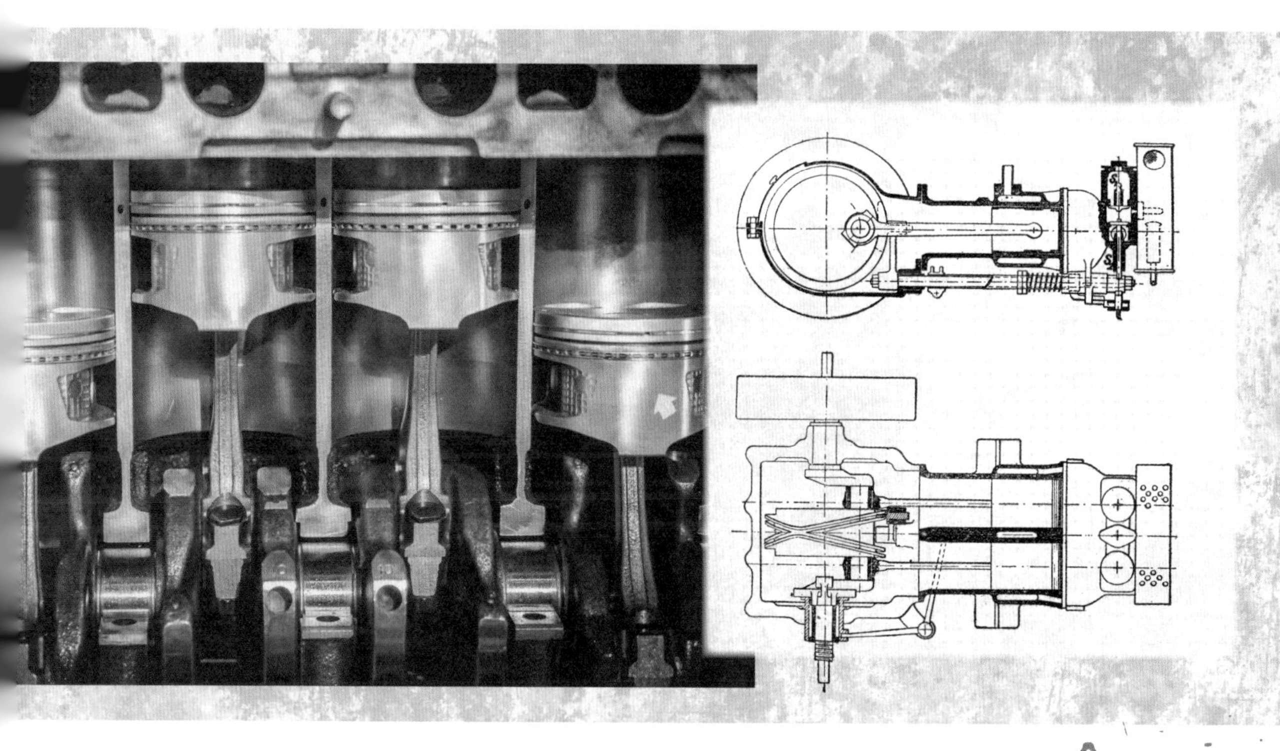

3. 一分钟记忆

在任何一个热力学系统中都存在有用能量逐渐散失的问题。

除非你为该系统找到另一种有用能源作补充，达到“作弊”的效果，不然它最终一定会停止运行。

No.64 绝对零度的概念

你可以达到多低的温度

-273.15℃

1. 多维度看全

17 世纪的研究人员在气体方面的发现助推了工业革命的发生（参考阅读：波义耳定律，第 126 页）。但在气体领域和自然的基本法则方面仍有太多的未知等待着人们的探索。

这段故事可以说是从纪尧姆 · 阿蒙东开始的。18 世纪初，他利用气体体积会随温度变化而变化这一观察结果设计出一款全新的温度计——温度计中热空气的弹性会迫使水银液面上升。阿蒙东用他的温度计作出了一个大胆的预测：从理论上来说，如果空气被冷却到 -240℃，它将会完全失去弹性（尽管他做研究的时候，摄氏温标还未被采用）。

与阿蒙东同一时代的科学家里，鲜有对其研究感兴趣的人。直到 18 世纪 70 年代，约翰 · 海因里希 · 朗伯才将研究重点转回到阿蒙东的理论上来。朗伯运用了更先进的设备改进了阿蒙东的预测。他认为，理论上，空气温度可以降至 -270℃，并随之失去所有能量。

威廉 · 汤姆森（1824—1907）

到 19 世纪早期，科学已有了长足的进步。许多科学家都认为，随着温度变化，所有气体（不仅是空气）都会以一种大致相同的方式膨胀或者收缩。19 世纪 30 年代，埃米尔 · 克拉伯龙发展了上述观点，提出了理想气体定律。根据该定律，理论上的“理想”气体会随着温度变化而持续改变其体积的大小，改变的方式在所有温度下都是一样的（而真实的气体不是——随着温度下降，它们最终会凝结成液体或者凝固成固体）。

1848 年，威廉 · 汤姆森（开尔文勋爵）从前人的思想中获得了灵感，抛弃了基于特定材料表现情况的相对温标，转而在“理想”的热力学原理的基础上提出了一个绝对温标。绝对零度的概念由此诞生，并迅速地被广为接受。时至今日，绝对零度的数字已经精确到了 -273.15℃。

2. 关键点梳理

在阿蒙东的气体温度计中，玻璃管中水银液面的升高和降低，均取决于被密封于其中的气泡的温度。当温度达到水的沸点（100℃）时，阿蒙东温度计中的水银柱就上升到了“73”这个刻度（以英寸为单位）；然而，当气温降到水的凝固点（0℃）时，水银柱却停在了51.5这个位置上。这说明（用阿蒙东的术语来说）空气仍具有相当的“弹性”。假设空气随着温度下降而保持其气体的性质不变（换句话说，假设空气为现代物理学家所称的“理想气体”），阿蒙东就可以毫不困难地计算出，当空气即将完全失去弹性（及能量）之前，其温度一定会下降至 -240℃，而水银柱就会停留在其温标的零度位置上。

绝对零度是是可观察宇宙中的理论最低温度。

参考阅读 //
No. 70 气体动理论，第144页

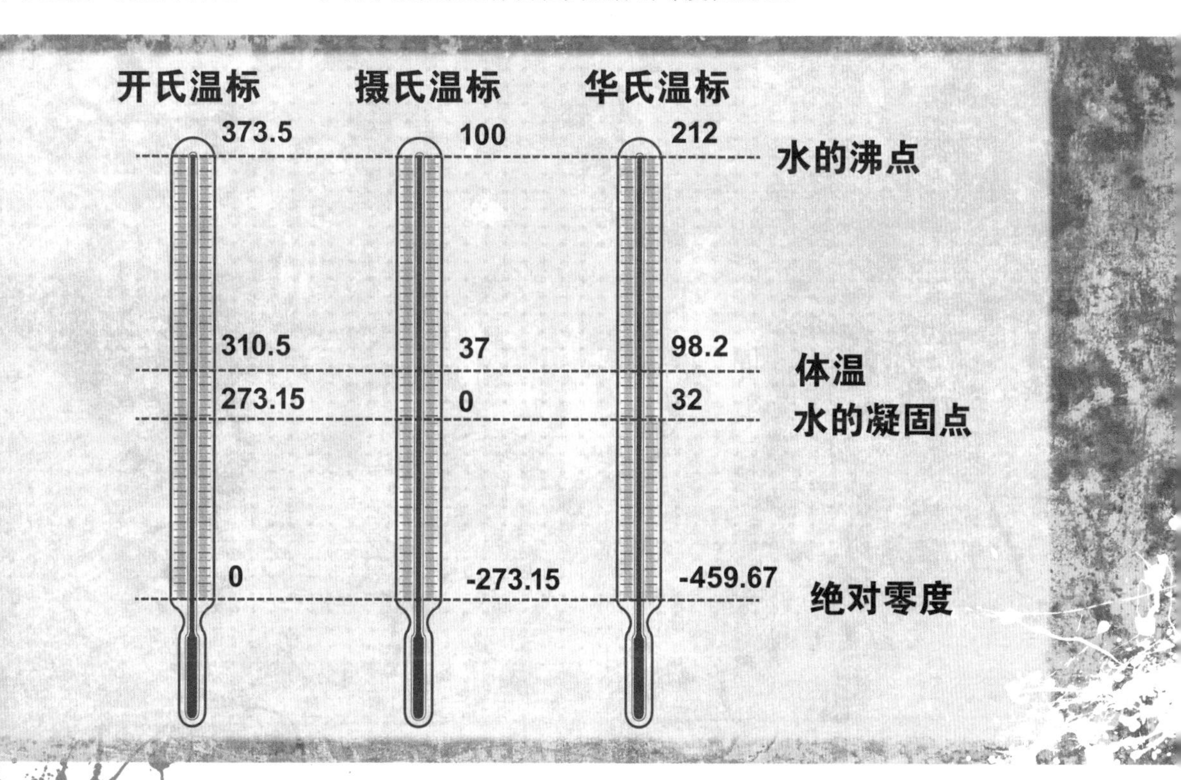

3. 一分钟记忆

绝对零度是一个普遍的极值。

根据热力学原理，这个温度不可能真正达到。

No.65 以太假说

光是通过什么传播的

1. 多维度看全

19 世纪晚期的物理学家们很有把握地认为自己非常了解光的本质。多亏詹姆斯 · 克拉克 · 麦克斯韦的伟大发现，光是一种以波的形式进行传播的电磁辐射（参考阅读：麦克斯韦方程组，第 124 页）这一观点已经广为人知。目前还剩下一个疑问：光波是通过什么传播的呢?

阿尔伯特 • 迈克耳孙（1852—1931）

通常情况下，波会经由某种介质进行扩散传播。海浪通过水扩散开来就是最为明显的例子。光波通过一种遍布宇宙的名为“以太”的物质进行传播，这就是 19 世纪末科学界的共识。

到了 19 世纪 80 年代，许多科学家吸收了包括奥古斯汀 - 让 · 菲涅尔等早期物理学家的研究成果，提出了地球围绕太阳转的同时也在以太中穿行的假设，逐渐改变了地球相对于宇宙间普遍存在的“以太风”的运动觉。

阿尔伯特 · 迈克耳孙推断，如果事实如此，那么以太风会对光速产生可被检测到的影响，这种情况大致和一架飞机在大气层中遭遇盛行气流时飞行速度发生变化的情况相同。于是，他设计了一个试验来检测差异，但并未发现任何证据可以证明光速变化和以太风理论存在一致之处。

这个试验结果令其他的物理学家都大吃了一惊。19 世纪 80 年代末，迈克耳孙和爱德华 · 莫立一起为先前的试验打造出了一个更好的高精度的版本，对初次的试验结果进行复核。然而，即使是配备如此精良的试验也没能发现以太风存在的证据。以太假说至此遇到了真正的麻烦。

物理学家们曾假设，当地球围绕太阳转的时候，神秘的“以太风”会席卷地球。

2. 关键点梳理

根据迈克耳孙的推论，从固定点 A 发出的光束的传播方向若是和以太风的方向相同，那么它将会传播得更快，正如一架飞机遇上顺风时飞得更快一样。他进一步推断，如果光束被反射回来，穿过以太风传回 A 点，那么它的传播速度将会变慢。关键的一点是，迈克耳孙通过数学运算得知，反射回来的光束的减慢程度应该比传播出去的光束的加速程度更大。如果以太风存在，光反射回 A 点的速度将会略慢于以太风不存在的时候。然而，迈克耳孙（及莫立）却发现，光束总是能够按时返回 A 点。这就证明了以太风是不存在的——可能是因为根本就不存在以太。

参考阅读 //
No. 66 狭义相对论，第 136 页

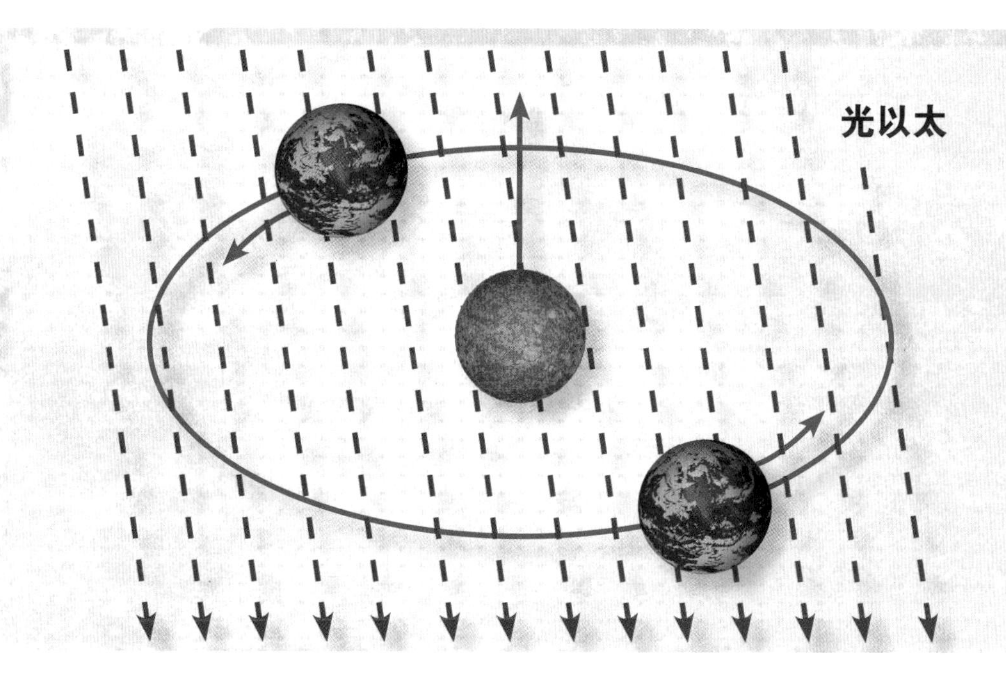

3. 一分钟记忆

回溯到 17 世纪，一些科学家曾假设光通过一种遍布宇宙的名为“以太”的物质进行传播。

19 世纪 80 年代，迈克耳孙和莫立有效地破除了这种长期存在的错误思想。

No.66
狭义相对论
对真实世界的重新审视

1. 多维度看全

直到19世纪80年代，许多物理学家都持有这种预设：光波通过一种席卷地球的看不见的“以太”进行传播。他们认为，以太风应该对地表光速产生细微而又能检测到的影响。然而，阿尔伯特·迈克耳孙和爱德华·莫立却发现地表光速是恒定不变的。而最后一次证明以太假说的尝试则为科学界带来了一种看待宇宙的全新思路。

亨德里克·洛伦兹（1853—1928）

在迈克耳孙和莫立公布试验结果后短短几年的时间里，乔治·弗朗西斯·菲茨杰拉德和亨德里克·洛伦兹均提出了异议：正如前人假设所说，当光进入以太风之中的时候，其传播速度的确会有轻微的减慢，只是物理对象和时钟指针移动的频率也会因以太风而受到轻微的影响。这就解释了迈克耳孙和莫立的试验结果：因为所有的扭曲现象都被抵消了，所以光速似乎保持了恒定。

这个说法却不受欢迎，因为它似乎完全不可能被验证。即便如此，阿尔伯特·爱因斯坦在1905年将这一观点改进后的版本转化为了一个可以验证的理论。

洛伦兹和爱因斯坦的研究助推了一种对时间、空间及真实世界的全新理解。

詹姆斯·克拉克·麦克斯韦阐述电磁学理论的著作给爱因斯坦留下了深刻的印象。他意识到麦克斯韦方程组暗示了在给定介质中的光速总是相同的（解释了迈克耳孙和莫立的试验结果）。并且，爱因斯坦极力主张物理学界将其作为一个核心假设。这个提议从某种意义上表明了菲茨杰拉德和洛伦兹是正确的，但爱因斯坦还提出，是空间和时间本身即“以太”而非物理实体被扭曲来保持光速恒定。爱因斯坦的观点建立于坚实的数学演算基础之上，并提出了可验证的预测，其正确性在后来的试验中也得到了验证。

爱因斯坦的狭义相对论并没有完全证伪以太假说，但它赋予了以太延展性，使它的存在难以被证实。基于此，物理学家们便摒弃了以太这个概念。

2. 关键点梳理

麦克斯韦方程组说明光速在真空中是恒定的。但试想一下，有一艘宇宙飞船正朝着远离太阳的方向飞速前进。逻辑上，朝身后凝视太阳的宇宙飞船上的宇航员将会看到以光速加上宇宙飞船本身飞行速度传播的阳光。然而，狭义相对论则预测事实并非如此：随着宇宙飞船加速前进，舱载的时钟会自动减慢速度（相对于附近固定空间站中的观察人员而言）。当宇航员测量光从太阳发出的速度时，他们依据的是减慢速度的钟表，因此他们会发现阳光仍在以光速做运动。现在，上述预测已经被试验所证实了。

参考阅读 //
No. 60 麦克斯韦方程组，第 124 页

3. 一分钟记忆

人们很自然地会假设时间和空间是真实世界固定不变的特性，但狭义相对论指出事实并非如此。

时间可以变慢，空间也可以收缩——两个观察人员之间存在的速度差异越大，出现的扭曲程度也就越大。

No.67

阿尔伯特·爱因斯坦（1879—1955）

质能方程式

世界上最著名的方程

1. 多维度看全

1905年，爱因斯坦发表了后来被称为狭义相对论的理论，改变了物理学界看待宇宙的方式。随后，他又提出，狭义相对论最为重要的一个结论可以用一个简单优雅的方程概括：$E=mc^2$。

结合$E=mc^2$产生的历史背景来理解这个方程可能会更容易。150多年前，大多数物理学家还坚信热绝对不可能被创造或者毁灭，即热质论。而如今，即使是非物理学专业人士也知道这种“热量守恒”原理是不正确的，例如一台汽车发动机在工作的时候会升温，这就是在创造“新”的热量。

19世纪中期，詹姆斯·焦耳及其他的一些科学家严谨的研究成果，成功说服物理学界放弃了热量守恒定律（参考阅读：热力学第一定律，第128页）。到了19世纪末，大多数科学家都相信了，热仅仅是能量的一种形式，因此可以通过转变为另一种能量而被创造或者毁灭。但他们还认为，能量本身遵循一种守恒定律：能量不能被创造或者毁灭。

大致说来，爱因斯坦的狭义相对论对能量守恒定律的影响就相当于焦耳在19世纪40年代的试验结果对热量守恒定律的影响。这表示此前物理学界的观点并不完全正确。爱因斯坦提出，从根本上来说，能量和质量是同一种东西。这个预测相当大胆，但后来也被物理学家的试验证实了。

正如日内瓦北郊的欧洲核子研究组织的物理学家所探索的，能量和质量密切相关。

2. 关键点梳理

爱因斯坦的质能方程式表明，能量其实就是“质能”两种形式中的一个。他有效地展示了能量（E）可以变成质量（m），质量也可以变成能量。在日常生活中，我们不会真正意识到这种质能等价性，这是因为就算是数量极微的“新”的质量，也需要用数量庞大的能量来生成。这就解释了质能方程式中“c^2”的部分。物理学家们使用“c”来代表光速，这个数字本身也很庞大，当它与自身相乘时，就会变大很多。

参考阅读 //
No. 66 狭义相对论，第136页

3. 一分钟记忆

$E=mc^2$ 是一个世界闻名的方程式，它传达出一种颠覆性的思想：

能量和质量就是一个硬币的正反两面。

No.68 广义相对论

为何引力就像一块橡胶板

1. 多维度看全

就在20世纪开初之时，阿尔伯特·爱因斯坦改变了科学界对时间、空间和能量的认识（参考阅读：狭义相对论，第136页）。但他的理论仅仅在一个特殊的情况下起作用——假设物体都在以恒定不变的速度运动着。那么，当物体速度改变时，相对论还适用吗？1915年，爱因斯坦给出了肯定的结论，这一论断颠覆了科学界对引力的认识。

爱因斯坦广义相对论的一个关键特征是“等效原理”。该理论认为，用于一个正在加速的物体的自然法则，和用于一个处于引力场（如地球引力场）中的静止物体的自然法则，基本上是一样的。

$$G_{\mu\nu} + \Lambda g_{\mu\nu} = \frac{8\pi G}{c^4} T_{\mu\nu}$$

爱因斯坦的方程式引发了人们对引力的一种全新认识。

随着爱因斯坦在相对论上不断探索，他的理论开始和对引力的传统看法产生碰撞。艾萨克·牛顿曾经认为，引力是可见宇宙中任何事物之间的一种神秘的吸引力。爱因斯坦意识到，在自己的考虑到时间和空间产生扭曲的情况的试验模型中，引力可以用一种不同的方式来解读。

简要地说，爱因斯坦认为引力的本质就是时间和空间的扭曲。星系和恒星扭曲“时空”，和放在一张摊开的橡胶皮上的保龄球使其发生变形差不多。时空的扭曲反过来又会对质量和能量的表现和分布情况产生影响（参考阅读：质能方程式，第138页），正如弹珠滚过橡胶板的运动路径受到保龄球引起的变形影响：弹珠被朝着保龄球的方向“牵拉”，就像时空中的物体被引力朝其他物体牵拉一样。

广义相对论给出了一个大胆却可被验证的预测，随着这些预测被一一确认，接受广义相对论的人就越来越多了。

2. 关键点梳理

宇航员在受万有引力影响加速的太空舱中将会看到，物体掉落到地上的方式和在地球上是相同的，这说明该加速行为和引力场的作用是等效的。现在，试想一下太空舱开始一直加速到极限的程度。宇航员通过开关窗户，接收到附近一颗恒星所发射出的一束水平方向的光线。由于太空舱一直在往极限加速，这束光穿过太空舱时将发生弯曲。爱因斯坦预测，当光线穿过极强引力场（如近日引力场）时，会发生等效的弯曲。该预测已经在1919年得到证实。

参考阅读 //
No. 56 牛顿万有引力定律，第116页

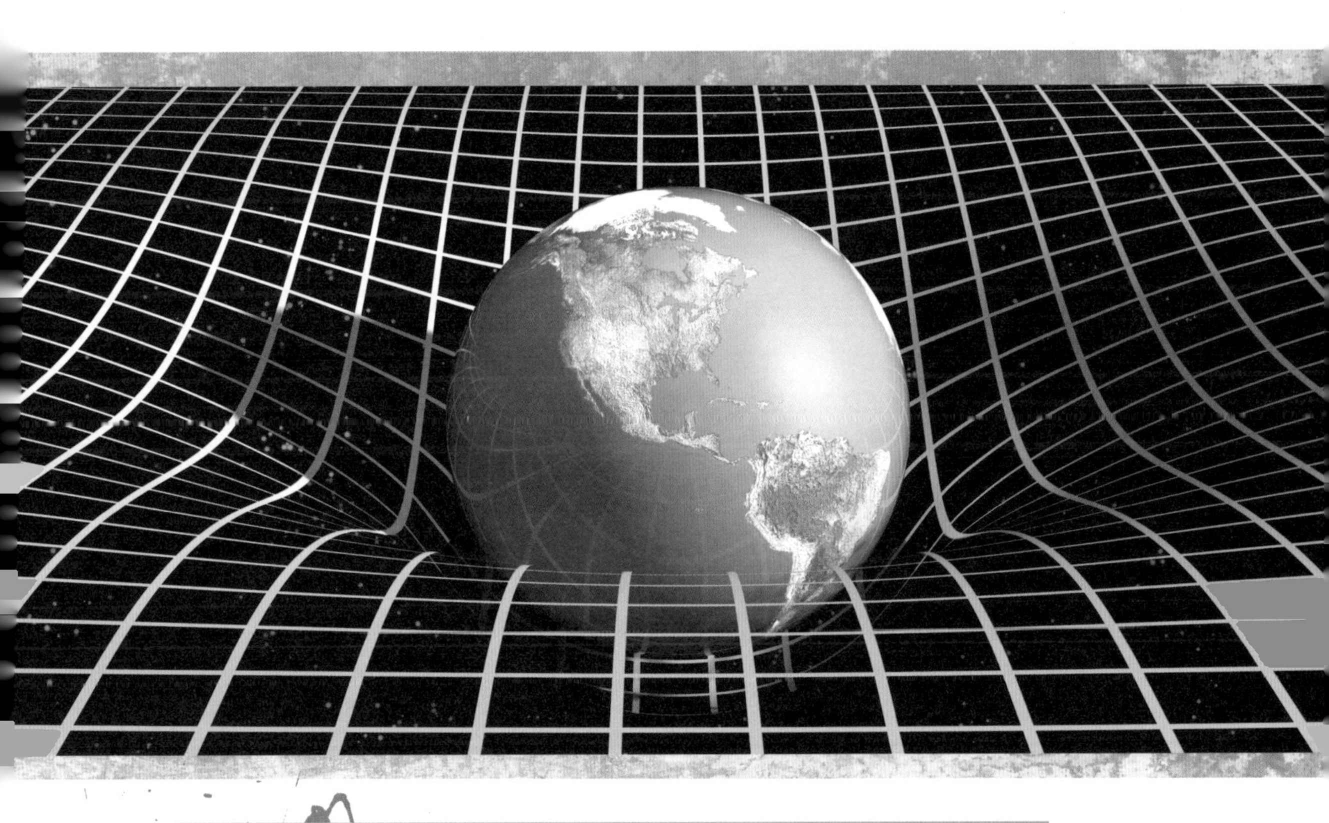

3. 一分钟记忆

爱因斯坦的广义相对论提出，物质会使时间和空间发生扭曲，这些扭曲现象反过来又会对物质和能量的表现产生影响。

这些时空中的扭曲现象就是引力。

No.69 道尔顿原子论

某些事情只是做加法

约翰·道尔顿（1766—1844）

1. 多维度看全

物质可能是由微小的原子构建而成的观点在1000年前就已存在，但直到19世纪才开始在科学界获得牢固的地位。在这个过程中，约翰·道尔顿就是关键人物之一。

在道尔顿二十多岁时，有两条重要的科学定律正在酝酿之中。首先是18世纪80年代，安托万·拉瓦锡意识到，化学反应既不会创造也不会毁灭质量：试验开始时反应物的质量恒等于试验结束时产出物的质量。这就是后来的质量守恒定律。

十年后，约瑟夫·普鲁斯特有了另一个重要发现。他在研究化合物（含有两种及以上元素的物质）时，将它们分解成各个元素，然后对这些构成元素进行称重。他发现，不同情况下的各元素质量之间的比例没有变化。以水举例，在一杯水中，氢的质量大约占11%，氧占89%。把水倒出来一部分后再进行测量，剩下的水的质量仍由11%的氢和89%的氧构成。该发现后来被命名为普鲁斯特定律或定比定律。

道尔顿提出，结合上述两条定律可以得出对自然的一个更深层次的理解：物质一定是由微小但互相分离且明显不可分的原子构成。在道尔顿所处的那个时代，使用科学设备观察到原子是不可能的，所以他的观点大多是基于理论创建的。虽然他的原子理论非常可靠，但针对原子是否存在的讨论一直持续到20世纪初（参考阅读：爱因斯坦的布朗运动理论，第146页）。

道尔顿的细心观察和论述为原子的存在提供了令人信服的理由。

2. 关键点梳理

19 世纪初期，道尔顿为普鲁斯特定律作出了一个重要补充。他发现，当两种元素可以通过两种及两种以上的方式合成化合物的时候，各元素仍然会按照一定的比例进行化合。例如，碳可以和氧反应生成两种不同的气体（二氧化碳和一氧化碳）。当道尔顿采用定量碳元素进行试验时，他发现生成二氧化碳的需氧量正是生成一氧化碳的需氧量的两倍。道尔顿认为，只有在物质由艾萨克·牛顿所说的“实心、厚重、坚硬且不可穿透的活动微粒”构成的情况下，这种一定比例的情况才说得通。

参考阅读 //
No. 70 气体动理论，第 144 页

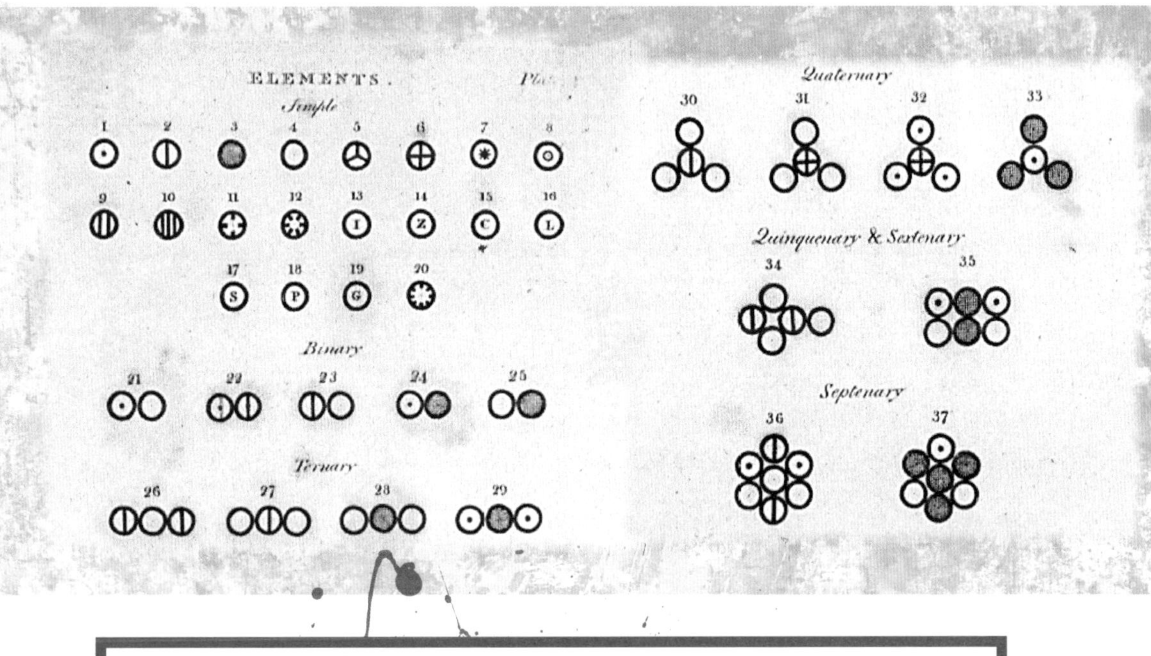

3. 一分钟记忆

伟大的思想家们已经在原子是否存在的问题上探索了数千年，其中道尔顿的原子论尤为突出。

该理论认为，解释化学元素表现的唯一方法就是将其理解为相互独立的微粒或原子的构成体。

No.70
气体动理论

气体也是由原子构成的吗

1. 多维度看全

19 世纪的科学家们在原子是否存在的问题上无法达成一致（参考阅读：道尔顿原子理论，第 142 页），但这并没有阻止其中一部分科学家通过假设原子存在来解释物质的表现。气体动理论就确切地假设了原子的存在。

丹尼尔·伯努利（1700—1782）

现代气体动理论可以说是从 18 世纪 30 年代的丹尼尔·伯努利开始的。在科学界开始探索气体体积和它的压力及温度之间的关系后，伯努利在此问题上研究了数十年。罗伯特·波义耳曾提出，要理解它们之间的关系，可以想象气体由极小的微粒构成，这些微粒就像弹簧一样互相排斥。许多人认为如果真的由微粒构成，这些微粒也几乎不会移动，而只是从远处排斥着彼此。

伯努利对此假设产生了怀疑，他提出，气体中的微粒一直处在快速的运动当中，并且这些微粒持续撞击着容纳气体的容器壁——这为压力提供了一个动力学解释。但它并没有被广泛接受。

19 世纪后半叶，学界对能量本质的共识发生了变化，伯努利理论的命运才得以改变（参考阅读：热力学第一定律，第 128 页）。以詹姆斯·克拉克·麦克斯韦和路德维希·玻尔兹曼为首的物理学家们开始认真对待气体动理论，他们随后从数学和统计的角度探索了气体中那些极其微小又独立运动着的微粒是怎样移动和撞击彼此，从而重新分配了热量的。研究证明，通过假设气体由小到难以想象的高速运动的原子或分子构成，确实可以解释气体的表现。

气体中的原子就像平底锅中的爆米花粒一样快速移动和互相碰撞。

即便如此，持有怀疑态度的人很快指出了气体动理论的缺陷：它并没有证明原子的存在。

2. 关键点梳理

将气体动理论中的微粒想象成做爆米花的平底锅中正在爆开的玉米粒。如果平底锅容量非常大，那么在任何时候可能只会有一两颗玉米粒会在爆开的时候弹到锅盖上，并且锅盖也会纹丝不动。然而，如果平底锅的容量非常小，但仍然需要爆同样多的爆米花，那么就会有很多玉米粒在爆开的时候同时弹向锅盖。这些爆米花“微粒”所产生的“压力”会比之前大很多，锅盖也许就会因为这些撞击而移位，甚至掉到地上。

参考阅读 //
No. 61 波义耳定律，第126页

3. 一分钟记忆

流体的表现形式及其所携热量均可以通过假设其由高速运动的原子构成来解释。

但气体动理论并没有证明原子的存在。

No.71 爱因斯坦的布朗运动理论 揭示了原子的存在

1. 多维度看全

1827 年，罗伯特 · 布朗着手研究花粉在受精过程中所扮演的角色。他将花粉放进水中，然后在显微镜下进行仔细观察，由此发现了一个奇怪的现象：花粉释放出细小的微粒，这些微粒竟在水中“舞动”了起来。大约 80 年后，这种起舞现象——布朗运动——使许多科学家确信原子是存在的。

布朗没能解释这些细小微粒运动的原因，但到了 20 世纪初，爱因斯坦给出了答案。那个时候，爱因斯坦正在尝试计算出糖分子的理论大小，而其中一种方法是研究糖分子怎样在水中扩散而形成甜味溶液。随后，他列出了一些方程式，准确地解释了糖分子将会以怎样的方式移动，以及怎样与水分子相互作用。

到了 1905 年，爱因斯坦意识到，他的方程式还可以解释其他分子或者微粒怎样和水分子相互作用——甚至是体积大到可以在显微镜下直接观察到的微粒也不例外。而布朗运动中那奇特的舞蹈，就是爱因斯坦的方程式预测的花粉分解出的微粒遭受到水分子持续撞击时所产生的运动现象。这个用爱因斯坦的方程式解释这种奇妙舞蹈的理论后来被称为爱因斯坦的布朗运动理论。

已有其他科学家提出过，可以通过将气体或液体想象为由不断移动的极小微粒构成来解释其表现形式（参考阅读：气体动理论，第 144 页），但也有许多科学家认为这些微粒纯属理论虚构而已。然而，根据爱因斯坦的布朗运动理论，布朗所发现的古怪的微粒舞蹈符合以假设气体和液体由运动的原子构成为前提预测到的结果。关键的一点是，反对观点并没有预测到布朗运动中的复杂舞蹈。趋势有所转向，大多数科学家也做好了接受原子真实存在的准备。

作为布朗运动的一个案例，液体中的染料运动已经被数学运算所解释。

2. 关键点梳理

布朗并非第一个观察到布朗运动的科学家，但或许是因为他对此现象的观察非常详尽，所以这个理论被冠上了他的名字。起初，他觉得这个古怪的舞蹈一定和有生命物质的活力有关系。随后，他又逐步以从近期死亡的植物上获取的花粉、从两亿年前的化石植物上获取的微粒和从完全无机的来源中获取的微粒这些离“有生命”的领域越来越远的微粒物质为试验对象来验证观点。结果，这些微粒，无论是来源于哪里，总是以完全相同的方式在水中来回跳跃。可见，布朗运动并不是有生命物质的专属特性，发生这种现象肯定还有更深层次的原因。

参考阅读 //
No. 69 道尔顿原子论，第142页

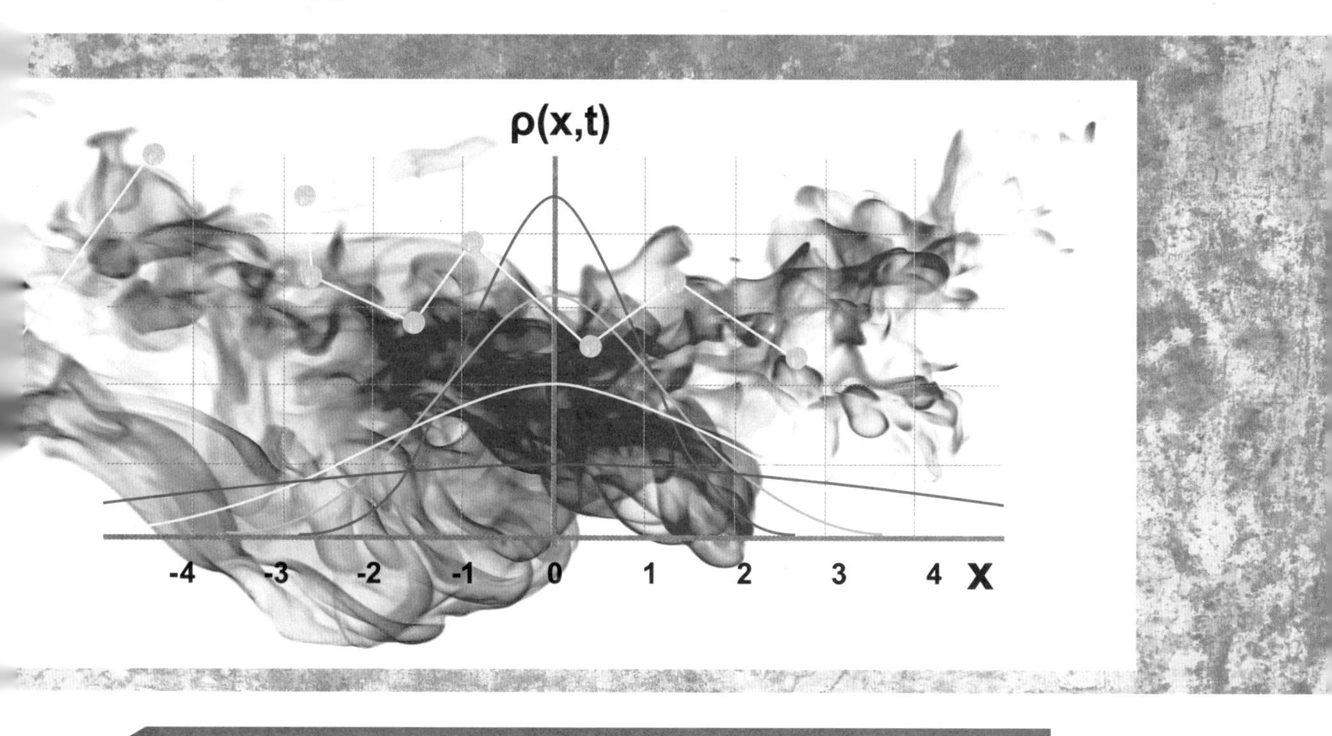

3. 一分钟记忆

爱因斯坦的布朗运动理论不但解开了一个存在了80年的谜题，而且带来了更加深远的影响。

它打消了反对者关于原子是否存在的疑虑。

No.72
梅子布丁模型
甜品菜单上的原子们

1. 多维度看全

20 世纪初的物理学家们渐渐接受了原子的存在（参考阅读：爱因斯坦的布朗运动理论，第 146 页），但在接受的同时他们也揭开了另一个更深层次谜团的面纱：原子究竟长什么样呢？

探索原子结构的线索出现在 19 世纪，甚至比原子概念被广泛接受的时间还要早。以约翰 · 希托夫和威廉 · 克鲁克斯为代表的物理学家们发现，如果将一块带正电荷的金属（一个"阴极"）放入抽干空气的容器中，它将释放出一种奇特的微光。通过进一步试验，他们发现这些"阴极射线"携有能量，并且——假定射线会受磁场影响而发生偏转——携有负电荷。

约瑟夫 · 约翰 · 汤姆逊（1856—1940）

直到 1897 年，约瑟夫 · 约翰 · 汤姆逊才发现各种材料都会产生阴极射线。从这些射线的表现方式来看，它们似乎都携有极其微量的物质。这就表示，这些射线实际上就是细小微粒构成的束流。汤姆逊称之为"小体"，而大多数其他物理学家则称之为"电子"。

几年之内，亨利 · 贝克勒尔和欧内斯特 · 卢瑟福的研究表明，这些电子实际上来自原子内部。这项突破为物理学界提供了一条研究原子内部结构的早期线索。

汤姆逊开始思考原子的结构到底是怎样的。原子整体不显电性，所以它们必须通过载有带正电荷的成分来平衡电子的负电荷。他提出的模型假设原子本质上就是一个内部嵌有带负电荷的微小电子的带正电荷的球体。这个模型的外观看起来有点像水果蛋糕，而电子则类似于水果干。因此，汤姆逊的原子结构理论就被命名为"梅子布丁模型"。

原子结构的早期模型令人想到难以消化的甜点。

2. 关键点梳理

“梅子布丁模型”这个名称听起来一点也不严肃，这正和该模型被人们迅速抛弃的事实相契合。但汤姆逊的模型有着推理和逻辑的基础，还吸收了艾尔弗雷德·马歇尔·迈尔的研究成果——后者发现，把许多磁粉放在置于强磁体之下盛有水的容器中后，这些磁粉会排列成整齐的同心圆。如果原子内部的电子也如此，这些环所构成的图案就可以解释化学元素的宏观特性了：两个及以上拥有相似物理特性的元素由内部的电子结构类似同心圆的原子构成。

参考阅读 //
No. 75 卢瑟福–玻尔模型，第 154 页

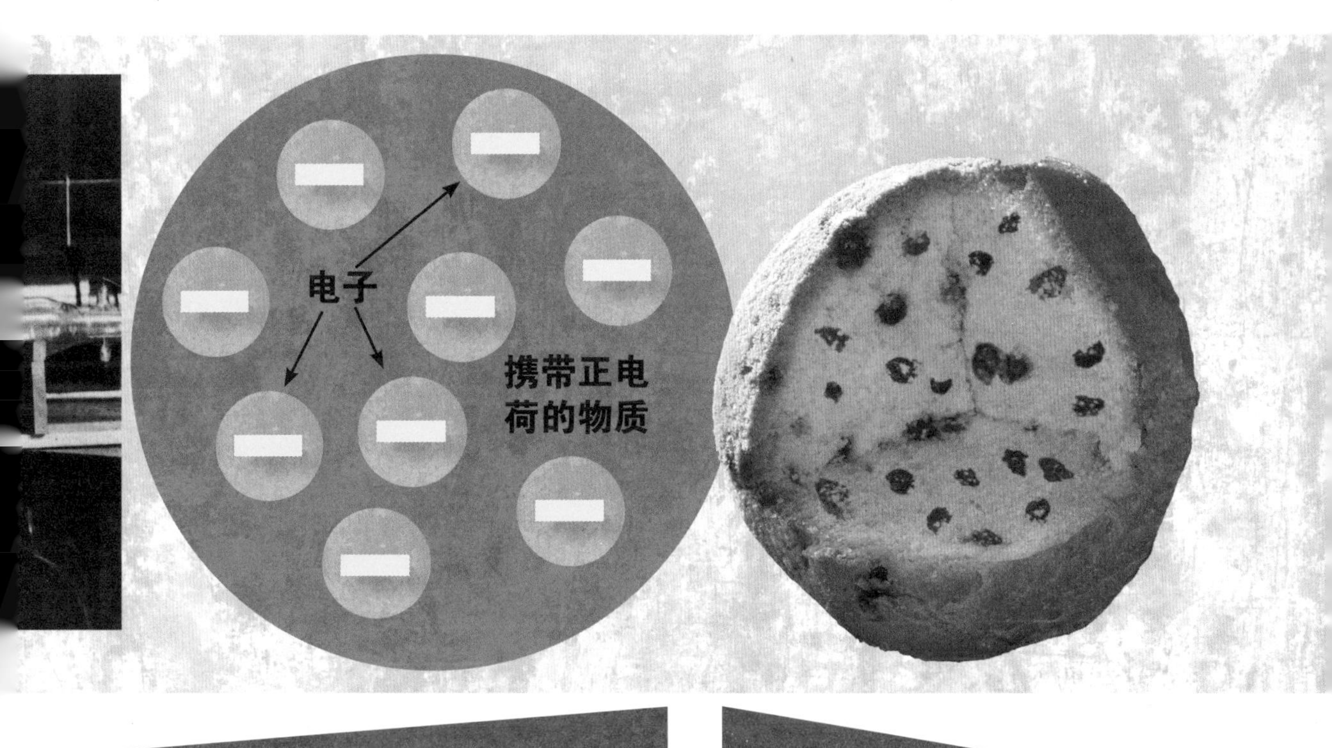

3. 一分钟记忆

直到 20 世纪初，物理学家们都还在探索原子内部的运作。

梅子布丁模型就是一个对原子结构的早期构想（虽然到最后并没有被接受）。

No.73 普朗克定律 量子革命的曙光

马克斯·普朗克（1858—1947）

1. 多维度看全

19 世纪 50 年代和 60 年代，古斯塔夫·基尔霍夫提出，依据后来被称为热力学第二定律的理论（参考阅读：热力学第二定律，第 130 页），一个恒温物体所发出的辐射量一定和它所吸收的辐射量是完全相等的。这个理论最终开启了一个全新的领域，即量子物理学。

基尔霍夫推测，一个理想的辐射接收者必定也是一个理想的辐射发出者。他将这个理想的辐射发出者称为“黑体”，并且视之为理解辐射的关键。黑色物体所作出的反应就有一点类似于黑体。例如，在阳光灿烂之时，一个黑色物体的表面摸起来会很烫，这是因为它吸收了阳光（电磁辐射），并发出了热辐射。

不幸的是，理想的黑体是极其罕见的。基尔霍夫突发灵感，建议可在一个大盒子的侧面戳开一个小洞（来代表黑体）。因为任何通过小洞进入盒子的光都不太可能再射出来，这个小洞就成了一个近乎理想的辐射接收者——一个近乎理想的黑体。如果把这个密封的盒子当成一个滚烫的烤箱，一部分热辐射就会从小洞中逸出，这种发出辐射的状态也是近乎“理想”的。

到了 19 世纪 90 年代中期，威廉·维恩和奥托·卢默尔将基尔霍夫的理论投入实际运用中，并且测量了在不同温度下从烤箱的小孔中发出的热辐射量。物理学家们努力找到一个能够解释这些测量数据的方程式，但是过程相当艰难。

1900 年，马克斯·普朗克解开了这个难题。但为了解题，他不得不将从小洞中发出的辐射假设为离散的小块。对于必须将这个假定的情况纳入计算，普朗克显然是不满意的。然而，实际上他已经在无意中发现了亚原子世界的量子本质。他的发现后来被称为普朗克定律。

对来自“理想”黑体的辐射进行解释将学界引向了量子物理学领域。

2. 关键点梳理

为找到一个能够完美预测所有温度下基尔霍夫“黑体”发出的辐射量的方程式，物理学家们努力进行了探索。马克斯·普朗克在竭尽全力研究的同时谨记住一点：能量必须有独立的整数值，即数字 1、2、3 等当量，而不是存在于无限分割的数字层级中的数。普朗克将这些独立的能量包命名为“量子”。他的研究是向量子物理学这个全新领域的首次涉足。

参考阅读 //
No. 74 光电效应，第 152 页
No. 75 卢瑟福－玻尔模型，第 154 页

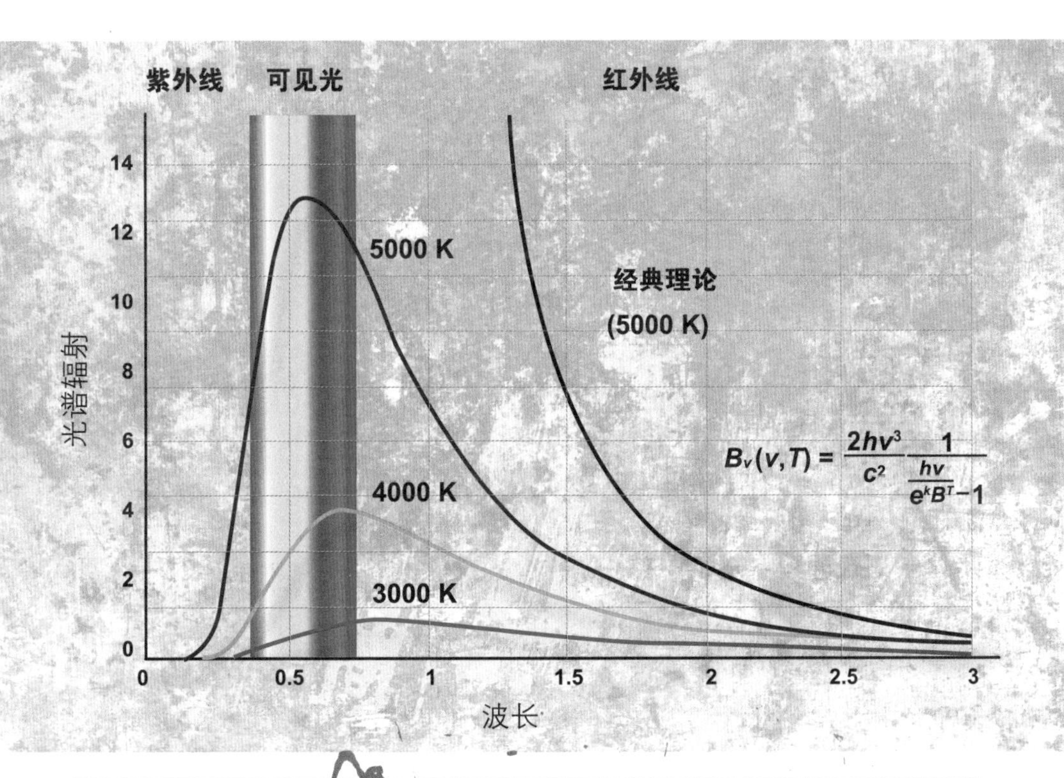

3. 一分钟记忆

普朗克定律完美地描述了处在给定温度下的一个黑体在热平衡状态下所发出的电磁辐射的本质。

但它只有在假设辐射以离散小块（或量子）的形式存在的情况下才可成立。

No.74
光电效应
量子理论的势头越来越猛

1. 多维度看全

1900 年，马克斯 · 普朗克发现他只能在假定辐射以独立小块（或量子）的形式存在的情况下才能解释电磁辐射的表现。当时几乎没有人（包括普朗克自己在内）意识到这个发现有多么重要，直到阿尔伯特 · 爱因斯坦提出了一个解释。

在光对某些金属通电表现的影响能力这个课题上，海因里希 · 赫兹已经在 1887 年进行了一些试验。他曾经在尝试在两个金属电极（即可以引起小型电流流动的物体）之间制造一个微弱电火花时发现，如果将金属放在紫外光的照射之下，更有可能产生电流流动。这样的结果令他大惑不解。

赫兹没能解开这个谜题，但在接下来的 15 年间，其他许多科学家都投入了对这一“光电效应”的探索之中。很快，真相大白了：赫兹试验中电极之间产生的电火花实际上是一群被称为“电子”的微小亚原子粒子。（参考阅读：梅子布丁模型，第 148 页）。

海因里希 · 赫兹（1857—1894）

菲利普 · 莱纳德在世纪之交宣布了一个重大发现。至此，一切已经相当明了：试验中的光一定在不断给金属中的电子增加能量，使得电子活跃起来，从金属表面跳跃起来形成了电火花。然而，他还发现，这些电子所携带的能量只与光的颜色有关，而和光的亮度无关——这似乎并不是光波应该有的表现。

1905 年，爱因斯坦给出了一个解释。他认为，光一定是以离散微粒或小包的形式存在的（这一点与普朗克的量子理论相一致），且每一个独立体都携带有一定量的能量，它们携带的能量多少取决于光的颜色而非光的强度。然而，爱因斯坦的说法并没有流行起来。罗伯特 · 密立根花了数年时间尝试通过试验来证伪爱因斯坦的上述观点，然而并没有成功。于是，量子理论越来越被人们所接受了。

彩虹的每一种颜色对某些金属中的电子产生不同的影响。

2. 关键点梳理

20 世纪之交的物理学家们认为，光像波那样运动。如果光波所携带的能量使得电子跳出金属表面，就可以顺理成章地推测出更强的光波将会造成更大的影响。然而，光波变强（光的亮度增大）之后，并没有产生更多的电火花。反而是缩短光波的长度（将红色光换为紫色光）后产生了更多的电火花。爱因斯坦认为，实际上光的存在形式就是离散微粒，其中“红色”微粒携带的能量要少于“紫色”微粒。因为“红色”微粒力量弱，所以即使用数百万个的“红色”微粒来对金属进行轰炸，产生的效果也很有限，但如果用力量非常强的“紫色”微粒来轰炸金属表面，即使只是很少的量，都会产生相当可观的效果。

参考阅读 //
No. 73 普朗克定律，第 150 页

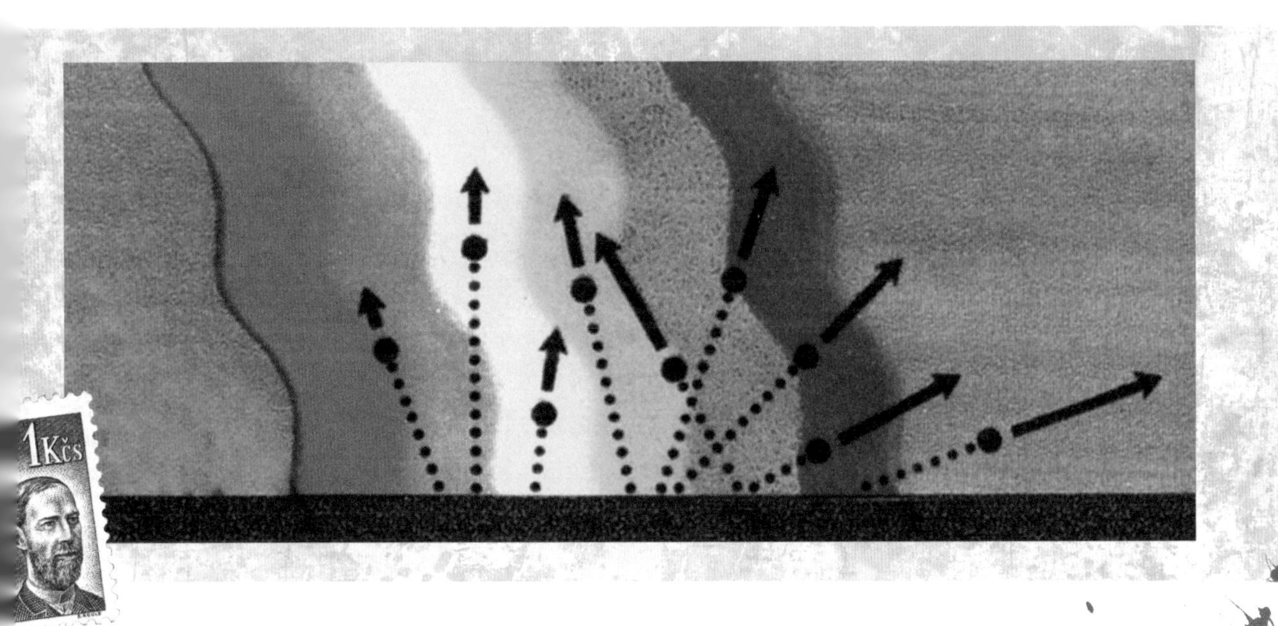

3. 一分钟记忆

光电效应是 19 世纪晚期最令人困惑不解的发现之一。爱因斯坦对此现象的解释对后世产生了两个方面的影响：

一方面是令光的微粒说得以重新流行，另一方面是为亚原子物理学的量子理论提供了支持。

No.75 卢瑟福－玻尔模型

像行星系一样的原子世界

1. 多维度看全

20 世纪早期，欧内斯特 · 卢瑟福和他的同事汉斯 · 盖革及欧内斯特 · 马士登在有关原子表现的研究课题上共同宣布了一项重大发现，暗示了原子内部大部分是空的这一事实。

汉斯 · 盖革（1882—1945）

当时的卢瑟福已经通过辐射领域的研究成果在学界获得了声望。他和他的同事们在进一步的探索当中发现，一种名为"阿尔法粒子"的放射性微粒可以穿过非常薄的金箔。然而，极其罕见的是，金箔使其中一个阿尔法粒子发生了明显的偏转。该研究结果令人惊异的程度无异于发现一张薄纸能使导弹转向。

1911 年，卢瑟福提出，上述结果暗示了原子的内部结构。他认为，其结构应该与太阳系结构类似。原子的核心部位是一个体积微小而密度很大的带电区域（后来被命名为原子核），且由体积更大的低密度电子云所包围。大多数阿尔法粒子穿透了金箔是因为它们是从电子云中穿过，但偶然也会有一个阿尔法粒子撞到了致密的原子核而被弹开。

欧内斯特 · 马士登（1889—1970）

几年之后，尼耳斯 · 玻尔开始和卢瑟福一起改进上述模型。玻尔坚信，能量的形式就是离散小块或者"量子"（参考阅读：普朗克定律，第 150 页）。随后，他提出了自己的观点：围绕着原子核的电子们都有各自独立的运行轨道，并且可以通过吸收或释放能量小包在轨道之间跳跃。

当詹姆斯 · 弗兰克与古斯塔夫 · 路德维希 · 赫兹的试验似乎确证了原子中电子的量子表现之后，玻尔在 1913 年提出的原子模型在第二年就迎来了大批拥趸。物理学家们不断修正着对原子结构的理解，但时至今日，学生们所学的原子模型仍然是以卢瑟福－玻尔模型为基础的。

在卢瑟福－玻尔模型中，电子们围绕着中央的原子核运动。

2. 关键点梳理

卢瑟福－玻尔模型预测了原子内的电子会通过吸收离散能量小包而在“电子轨道”之间跳跃的现象。1914 年，在多人的见证下，弗兰克和赫兹的试验证实了上述预测。他们利用充满汞原子的汞蒸气来加快电子的运动速度。当电子通过汞蒸气时，它们的速度逐渐加快（能量也逐渐增大），但是当能量积攒到一个特定水平的时候，电子往往会突然失去所有能量。针对这种现象的解释是，当每一个自由移动的电子最终获得足够多的能量时，它会把汞原子内的一个电子踢到另一条“电子轨道”上。这时，原子内的一个电子便有效地“偷走”那个自由移动的电子的所有能量，使其速度立刻降了下来。

参考阅读 //
No. 82 核嬗变，第 168 页

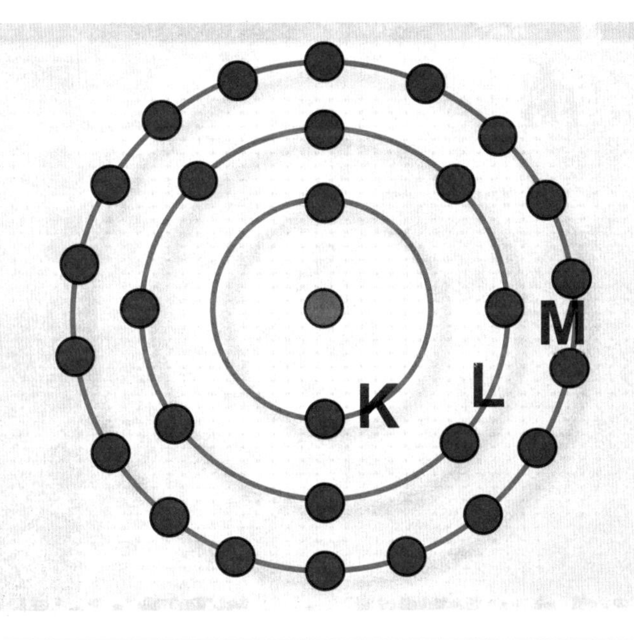

3. 一分钟记忆

卢瑟福－玻尔模型将传统的（经典）物理学理论与量子物理学这个新领域中的概念结合了起来。

在该模型的假设中，原子就像一个微型的太阳系一样，而电子“行星”则围绕着原子核“太阳”在各自的轨道上运行。

No.76 海森堡的不确定性原则 怎样确定它是什么意思

1. 多维度看全

到了20世纪20年代初，量子理论似乎遇到了麻烦。原子被看作微型的太阳系，电子围绕中央的原子核在轨道上运动（参考阅读：卢瑟福－玻尔模型，第154页）。然而，尽管应用于仅有一个沿轨道运行的电子的氢原子时，该模型适应良好，但当它应用于多电子的复杂原子时结果并不如人意。沃纳·海森堡想到了一个激进的解决方案，即抛弃电子围绕原子核运转这一古典观念。

海森堡坚持认为，物理学家们应当承认，他们不可能真正观察到像原子中电子的方位及动量这样的基本情况。所以，把电子当作在原子内部以稳定而可预见的方式移动的微型“行星”是不太可能的。

他的理论并未被大家接受。包括阿尔伯特·爱因斯坦在内的其他物理学家指出，实际上是存在电子以稳定而可预见的方式移动的情况的。比如在某些试验中，电子穿过装满压缩气体的云室后留下微小的痕迹。这说明电子曾有过稳定而（潜在）可预见的移动路径，这也暗示了电子在原子内部也以可预见的方式移动。

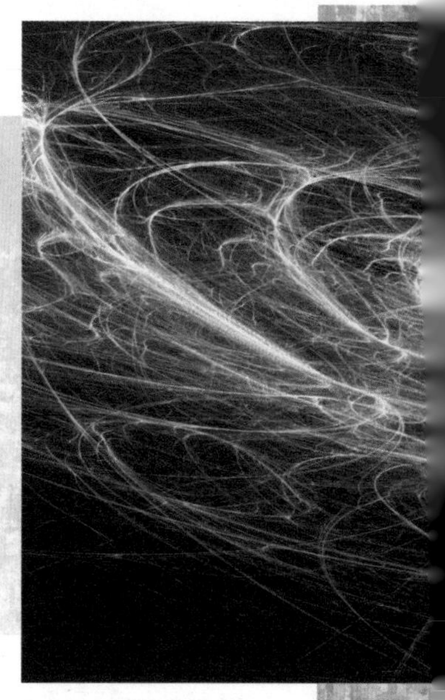

穿过云室的电子在尾迹中留下微小的痕迹。

最后，海森堡宣称，这些“云室”试验仅仅形成了“电子曾通过可预见的路径穿过气体云”的印象。严格地说，物理学家们真正看到的其实是一个极其微小的电子和气体云中一些体积相对大许多的水滴之间发生的一系列相互作用。从总体上看，这些相互作用似乎暗示了电子曾以微妙而稳定的方式穿过气体云，然而海森堡却认为，实际上每一次相互作用，在任意给定时间点上电子所处的位置和动量如何的问题上，都只能给观察者造成一种非常近似（不确定）的感觉；这种模糊性就是亚原子世界的一种内在的基本特性。后来这个理论被命名为“海森堡的不确定性原则”。

2. 关键点梳理

在讨论不确定性原则时，海森堡常常引用他和布克哈德·德鲁德曾经的一段对话。德鲁德认为，一个足够强大的显微镜应当能够精确定位原子内部某一电子的所在位置。海森堡则提出，这种显微镜必须通过一种波长极短的光才能观察到电子这样微小的物体。然而，光波变得越短，光的能量也就变得越强。如果运用波长足够短的光去“看”某一个电子，就会发生一件不可避免的事：这种光所携带的巨大能量会以一种难以预料的方式改变该电子的动量。即使德鲁德的显微镜可以告诉我们在给定时间点上某一电子的精确位置，但它还是不能清楚地告诉我们该电子的精确动量。

参考阅读 //
No. 77 互补性原理，第 158 页
No. 78 EPR 悖论，第 160 页

沃纳·海森堡（1901—1976）

3. 一分钟记忆

海森堡的不确定性原则为人们总结亚原子粒子的附加特征，例如它们的位置和动量，设置了一个基本限制。

这是量子物理学中非常核心的理论。

No.77
互补性原理
语言是在何时失去它们的力量的

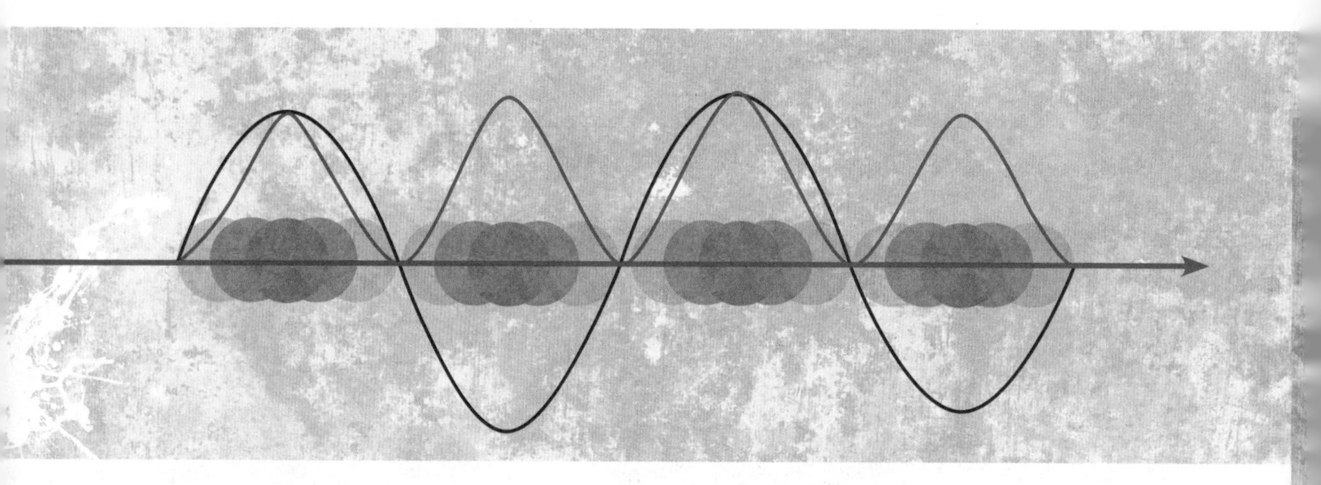

1. 多维度看全

20 世纪 20 年代，尼耳斯·玻尔在探索亚原子世界方面做出了大量努力。和其他的物理学家一样，他非常清楚自己正被一系列基本而又可能相互交织着的矛盾所困扰。

其中最为出名的是关于光的矛盾问题。数百年间，关于是把光描述为一系列相互独立的粒子集合最好，还是描述为通过某种介质传播的光波最好，学界一直摇摆不定。

在 18 世纪之交，艾萨克·牛顿表达了对光的微粒说的支持，这似乎平息了争论（参考阅读：光的微粒说，第 120 页）。然而 100 年后，托马斯·杨又说服了众人相信光其实就是一种波（参考阅读：光的波动说，第 122 页）。到了 19 世纪晚期，詹姆斯·克拉克·麦克斯韦巩固了波动说（参考阅读：麦克斯韦方程组，第 124 页）。数十年后，阿尔伯特·爱因斯坦又为微粒说提供了极具说服力的证据（参考阅读：光电效应，第 152 页）。

所有这些意味着什么呢？ 1927 年，玻尔提出了一个惊人的折中方案。他说，双方的试验结果都是极具说服力的证据，所以物理学界必须承认，光是一种微粒，同时也是一种波，或者说，它至少有时会表现为我们说的波状，而有时候则表现为微粒状。玻尔坚称，这并不是矛盾的描述，而只是对本质特征的一对互补性描述。玻尔的理论被称为互补性原理，后来也成了量子物理学领域的核心理论。

2. 关键点梳理

互补性原理在一定程度上是一种哲理思辨。玻尔坚信，在亚原子层面上，自然表现的方式与我们所预期的情况相去甚远，以至于我们根本不可能真正地将之恰当地描述出来。更糟的是，甚至因为我们的语言是建立在我们预期世界遵守“古典”物理学的基础之上的，所以我们根本没有能力去充分描述亚原子的世界。这就是为何光有时候看上去呈现出我们说的波状运动，有时候又明显表现出微粒状。问题不在于光本身，而在于我们用来描述它的语言。

量子的世界是难以用语言描述的。

参考阅读 //
No. 78 EPR 悖论，第 160 页
No. 80 电子双缝试验，第 164 页

尼耳斯·玻尔（1885—1962）

3. 一分钟记忆

在研究例如光这样的亚原子现象的真正本质的问题上，科学家们已经争论了好几个世纪了。互补性原理解释了这种争论持续这么长时间的原因。

要充分解释亚原子层面上的活动时，语言却失去了它的力量。

No.78

EPR 悖论

爱因斯坦对量子物理学的抨击

阿尔伯特·爱因斯坦（1879—1955）

1. 多维度看全

20 世纪 20 年代后期，尼耳斯·玻尔和沃纳·海森堡提出了新观点，认为在亚原子层面上存在着内在不确定性，再怎么细致的科学观察都不能够去除这种不确定性（参考阅读：海森堡的不确定性原则，第 154 页）。阿尔伯特·爱因斯坦对此提出了激烈的反对。他认为，内部的不确定性恰好证明了新兴的量子理论还不完善。他说，上帝“不掷骰子”。1935 年的 EPR 悖论便是他为了立论而做的最为著名的一次尝试。

这个理论是爱因斯坦（E）和鲍里斯·波多尔斯基（P）以及纳森·罗森（R）联合发表的，所以被命名为 EPR 悖论。它是为了证明量子理论的缺点而设计的一个思维试验。

三位科学家很清楚，新兴的量子理论可以预见到两个亚原子粒子之间的相互作用会使它们的固有特性紧密相连，且即使它们因漂移而彼此分离，它们也会保持着紧密联系。埃尔温·薛定谔后来将这种神秘的现象命名为“量子纠缠”。

爱因斯坦和他的同事们提出，量子纠缠原则上允许观察者准确地测量出某一微粒的位置和动量，这正是海森堡不确定性原则所认为不可能做到的。

然而，EPR 悖论对后世的影响并没有顺着他们的预想逐渐发挥出来。事实上，许多物理学家已经开始了对量子纠缠理论的探索，并证明了它是真实存在的。如今，许多新兴量子科技都是以量子纠缠现象为基础的。EPR 悖论非但没有体现出量子理论的不完善，反而似乎帮助学界向世人展示了量子世界从根本上来说究竟有多么奇特。

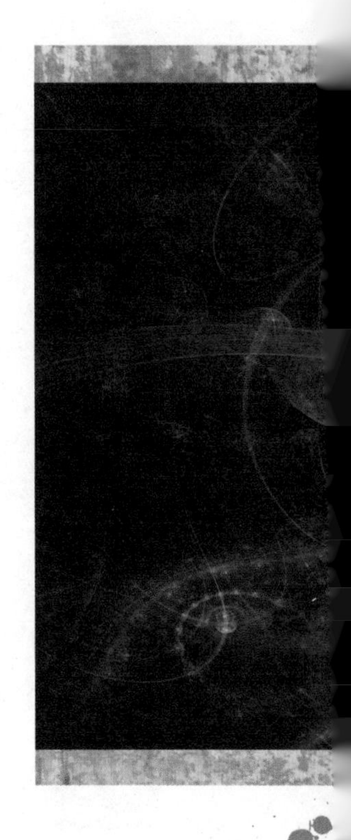
爱因斯坦用通过量子纠缠连接的两个微粒来揭开量子理论的缺陷。

2. 关键点梳理

理解 EPR 悖论的方法有好几个。其中一个方法是，想象某一个亚原子粒子自发地分裂成 A 和 B，A 和 B 以非常快的速度向相反方向行进。A 和 B 的物理特性是紧密联系在一起的。它们在某种意义上就像是一对镜像双胞胎。如果物理学家们测量到了 A 的精确位置，那么从逻辑上来讲他们一定会得到 B 的精确位置，甚至连看都不用看。如果他们测量到了 A 的精确动量，那么按同样的逻辑可知 B 的精确动量。这就意味着物理学家们已经能确定 B 的精确位置和精确动量。通过量子纠缠理论，他们就证明了海森堡的不确定性原则是错误的。

参考阅读 //
No. 77 互补性原理，第 158 页

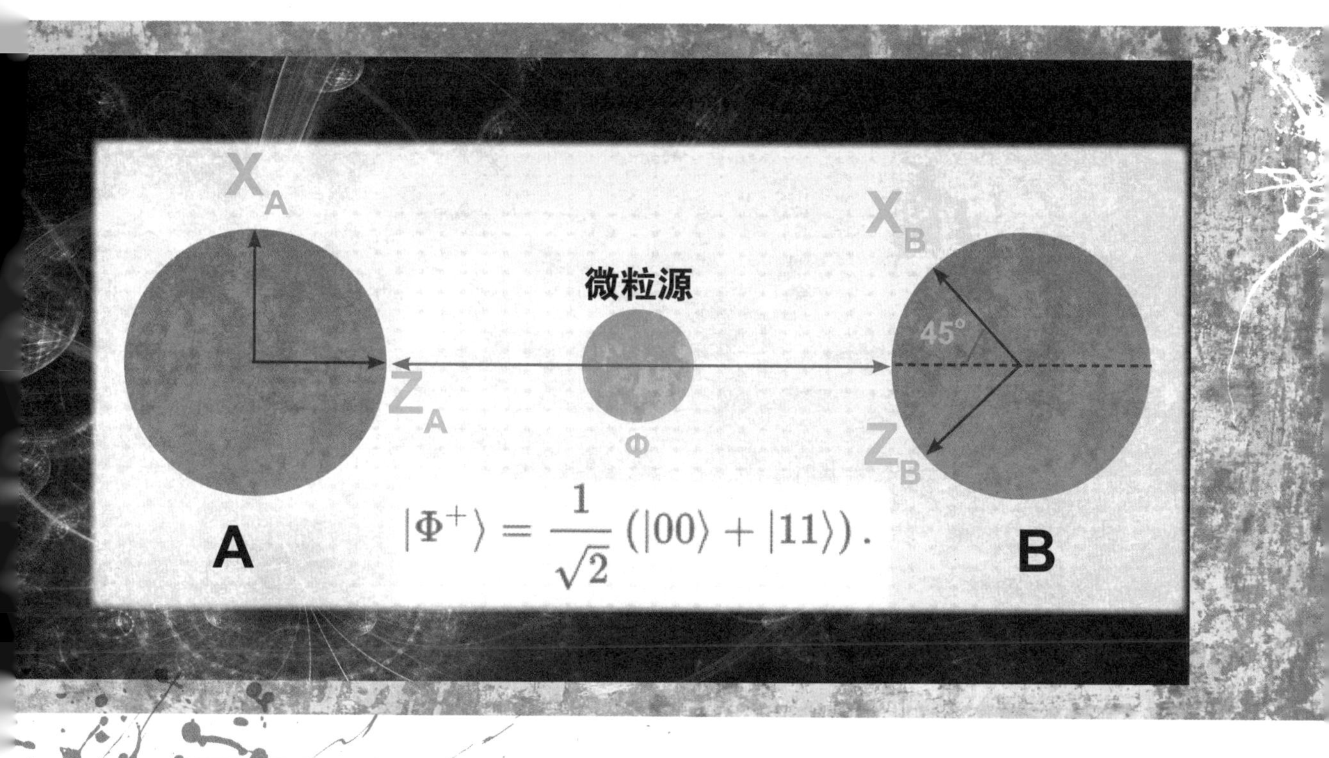

$$|\Phi^+\rangle = \frac{1}{\sqrt{2}}(|00\rangle + |11\rangle).$$

3. 一分钟记忆

EPR 悖论是爱因斯坦对新兴的量子理论最为著名的一次抨击。

但许多物理学家都认为，该悖论实际上帮助揭示了量子世界究竟有多么不可思议。

No.79 薛定谔的猫

量子物理学达到了古怪的巅峰

1. 多维度看全

20世纪30年代，埃尔温·薛定谔对量子理论所带来的那些暗示感到深深的不安。当爱因斯坦和他的同事们提出了一个悖论来证明量子理论并不完善的时候（参考阅读：EPR悖论，第160页），薛定谔感到更加心神不宁了。他的苦恼使一只现在非常著名的猫问世了。

薛定谔给EPR悖论研究的这个奇怪的现象起了一个名字：量子纠缠。量子物理学还有另一个奇怪的预测叫作“量子叠加”。薛定谔将两者结合在一起进行思考，得出了一个在哲学上令人困扰的结论。

根据量子叠加理论，一个亚原子粒子的物理特性在没有实际测量之前是不完全确定的。例如，物理学家们会使用“自旋”这个术语来描述一种基本的亚原子特性。一个微粒会“向上”自旋，也会“向下”自旋，但在该微粒被实际测量之前，量子理论都会认为它在同时进行上下自旋。

令薛定谔担心的是，这种量子叠加原则上会成为两个亚原子粒子之间纠缠的一部分。两个纠缠在一起的微粒A和B，可能最终会拥有同样的量子叠加。微粒A会同时进行上下自旋，微粒B也会同时进行上下自旋。只有当两个微粒的其中之一被测量出结果后，二者的命运才会随之确定：如果测量结果确定了微粒A是“向上”自旋的，那么微粒B作为微粒A的纠缠镜像双胞胎兄弟一定是“向下”自旋的。

薛定谔还关注着量子叠加能否在原则上“纠缠”任何与之相互作用的物体。1935年，他就提出了量子叠加可以与包括比亚原子粒子大得多的物体发生纠缠，例如，一只猫。经验告诉人们，猫和其他的动物一样，不是活的，就是死的，但薛定谔认为，如果一只猫被放进一个纠缠着的量子叠加中，就会出现一个自相矛盾的结果：猫可能会同时处在活和死的状态中。

薛定谔的猫是一个故意为之的荒谬点子。

2. 关键点梳理

薛定谔设想了一个钢铁制成的盒子，盒子里面装着一只猫和极少量的某种放射性物质。在一个小时的时间之内，该物质中的某个原子可能会（可能不会）自发地发射出一个放射性的微粒。在物理学家打开盒子查看试验结果之前，该原子都处于一个量子叠加的状态之中——它释放了一个放射性的微粒，同时也没有释放一个放射性的微粒。如果原子释放出了微粒，那么根据薛定谔的思维试验，会想象该微粒触发了一种连锁反应，最终将猫毒死。这意味着猫本身已经和量子叠加产生了纠缠，所以它就会同时处于活着和死亡的状态。

参考阅读 //
No. 98 多世界解释，第200页

埃尔温·薛定谔（1887—1961）

3. 一分钟记忆

薛定谔的猫成了量子物理学领域最著名的的思维试验之一，因为它似乎与我们对现实的预期发生了冲突。

而这也正是薛定谔所想要表明的。

No.80
电子双缝试验
展现了量子世界的古怪

路易斯·德布罗意（1892—1987）

1. 多维度看全

20 世纪 30 年代后期，尽管量子理论似乎暗示了世界能够以一种无意义的荒谬表现形式存在（参考阅读：薛定谔的猫，第 162 页），许多科学家也都已准备好接受它。该理论流行的原因很简单：尽管存在明显的悖论，量子理论还是能够准确预测出试验结果。电子双缝试验就是最好的例证之一。

19 世纪早期，托马斯·杨就已经强有力地证明了光在通过两条缝隙时会相交并相互作用，正如水波通过两条缝隙时会产生的结果。这表明了光就是一种波。然而，随着量子理论的出现，物理学家们逐渐接受了光实质上同时以波和微粒（后来被称为光子）两种形式存在的观点。

20 世纪 20 年代初，路易斯·德布罗意提出，这种"波－粒二元性"对所有微粒都适用。该观点得到了大多数物理学家的支持，同时也给予学界一个重新审视杨氏双缝试验的机会，只不过这一次是用电子而非光来进行试验。

20 世纪 60 年代早期，克劳斯·荣松和他的同事们成为第一批进行该试验的科学家。他们发现，当电子穿过两条缝隙时会产生一种波状的干扰纹，正如杨氏所发现的光的表现结果一样。大约 10 年之后，皮尔·乔治·梅利（Pier Giorgio Merli）和他的同事在 1974 年重新进行了荣松的试验。不同的是，他们这次使用了一种可以一次向两条缝隙射出一个电子的装置。只有每一个电子都同时表现为波状和微粒状的形式，试验结果才解释得通。梅利团队完美展示了量子物理学所预测的奇特波粒二元性能够通过试验来证明。

一个单独的电子"微粒"同时可以表现为波状，在通过双缝时自发产生"冲刷"效果。

2. 关键点梳理

梅利和他的同事对着留有双缝的屏幕一次射出一个电子。按直觉来说，每一个电子微粒都会穿过其中一条缝隙打在后面的探测器上。这也是试验团队所发现的结果。但当科学家们向双缝发射出数万个电子之后，屏幕上的小圆点便积累成了一根根条状物，即波状的干涉纹。于是他们得出结论：每一个电子“微粒”都曾具有较宽的波状表现，同时对双缝产生“冲刷”的作用。在双缝的远端，一个给定电子的两套“涟漪”就会像水波一般相互干扰。然而，当这些涟漪抵达探测器时，它们就会归化成一个单独的粒状圆点，其归化的位置则由波状干扰纹决定。

参考阅读 //
No. 59 光的波动说，第122页

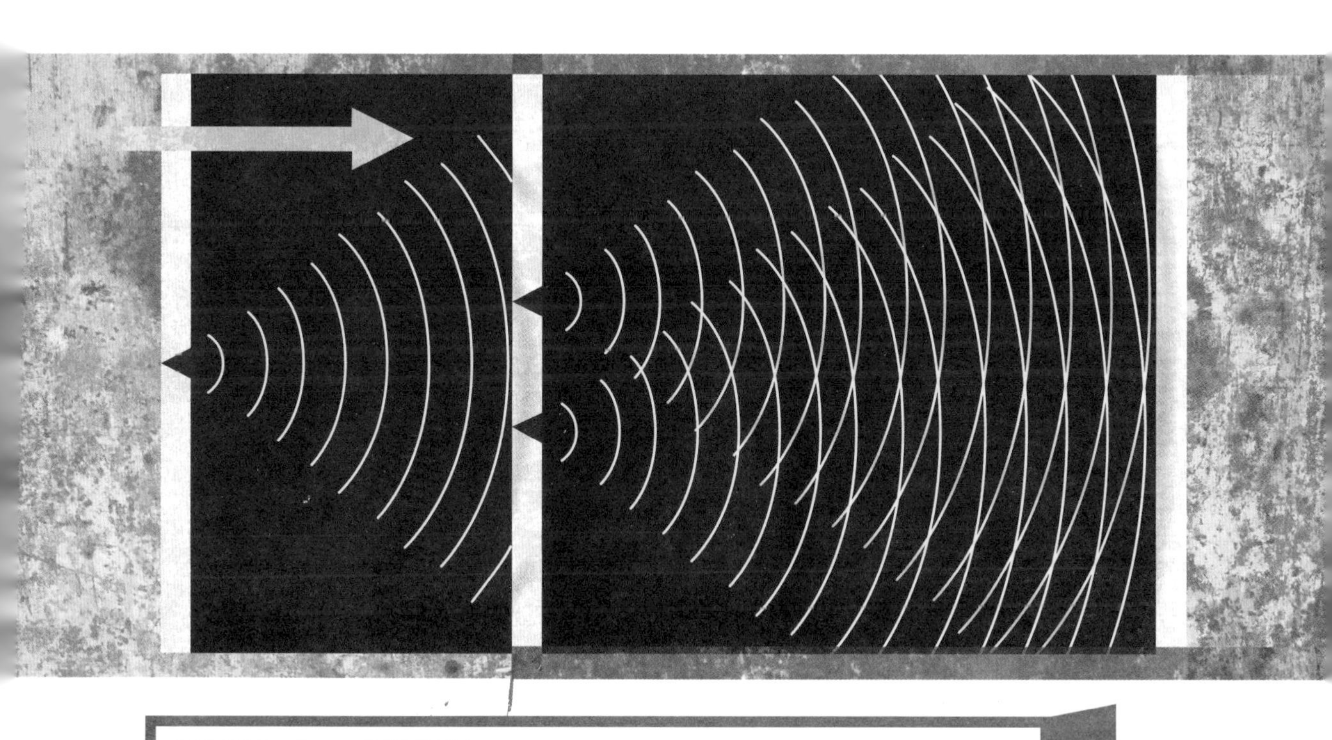

3. 一分钟记忆

虽然量子物理学作出的预测极其大胆，令人难以置信，但电子双缝试验还是证实了其中的一些预测。

对于物理学家们来说，所见即所信。

No.81

反物质 为何它是一种重要物质

1. 多维度看全

如果阿尔伯特 · 爱因斯坦的相对论是正确的，那么量子世界将会是什么样子呢？对于这个问题，保罗 · 狄拉克非常感兴趣。20 世纪 20 年代，他意识到，结合这两个理论可以得出一个奇特的预测：世界上应该还存在一套从未见过的“反粒子”系统，即亚原子粒子的反物质版本。

仅在几年之内，狄拉克的预测就被验证为真了。卡尔 · 安德森用携带负电荷的亚原子粒子来作为试验用的电子。他发现其中的一部分电子的表现却提示它们其实携带的是正电荷。这些就是“反电子”，安德森将这些反电子命名为“正电子”。

除了拥有一个奇异的名字，反物质还比较容易在当今的一些物理实验室中创造出来。例如，在位于瑞法边界的大型强子对撞机内，无论微粒何时相互撞击，残骸中都会含有新的反物质（及物质）微粒。但反物质不会存在很长时间，因为一旦物质和反物质相互接触，它们就会毁灭，唯一留下来的东西只有辐射。

这种毁灭性的过程给物理学家们留下了一个谜团。在宇宙生成之初，被创造出来的物质和反物质的数量应该是一样多的（参考阅读：宇宙大爆炸理论，第 188 页），所以在随后的对撞过程中物质与反物质应该会将彼此完全毁灭。这就意味着，可见宇宙中理论上既不存在物质，也不存在反物质。据目前的科学界所知，现在的宇宙中反物质的数量的确是极少的。

但是恒星和行星（包括人类）很明显都由物质组成。这就表示，虽然在宇宙刚形成之时被创造出来的物质和反物质的数量是一样多的，但是后来反物质的表现方式使得它比物质更有可能被毁灭掉。在解释其发生的原因及过程方面，科学界仍在努力之中。

保罗·狄拉克关于反物质存在的预言已经被大型强子对撞机之类的试验所证实。

2. 关键点梳理

试想一下，在你的成长过程中，你一直都以为自己没有兄弟姐妹，直到某一天有人告诉你，实际上你在出生之际就与你的双胞胎兄弟或姐妹分离了。这一发现几乎一定会引发各种针对这个神秘的“其他自我”的问题。生活在 20 世纪上半叶的物理学家们也面临着一个非常相似的情况：他们知道物质的存在长达几个世纪，突然间，他们又知道了反物质的存在。于是，他们的世界观就发生了永久性的改变。

参考阅读 //
No. 72 梅子布丁模型，第 148 页

3. 一分钟记忆

反物质的表现方式和物质的表现方式大体相同。

两者间重要的区别仅体现在包括其微粒所携带的电荷在内的某些特性上。

No.82
核嬗变

真实世界中的炼金术

欧内斯特・卢瑟福（1871—1937）

1. 多维度看全

到了19世纪末，“炼金术是一门有缺陷的科学”这一观念已经深入人心。没有科学家会真正接受魔法石这样的物质的存在——对铅这样普通的金属施加魔力，使其变成珍贵的金或银。然而，到了20世纪初期，学界的观点开始动摇了。

欧内斯特・卢瑟福和弗雷德里克・索迪可能是最先意识到“转化有可能发生”的两位物理学家。1901年，他们发现，一种名为钍的放射性化学元素在发生放射性“衰变”的同时自然转化为另一种元素——镭。

卢瑟福和其他物理学家经过数十年的努力，已经能够做到人工核嬗变了。他们发现，通过朝某一原子发射亚原子粒子，可以从原子核上剥离掉一些成分，从而改变原子核内部配置，将其转化为另一种元素。

那么铅变金是如何发生的呢？这两种元素在原子层面相当相似，关键的不同点其实在于它们的原子核上。铅的原子核内有82个质子，而金的原子核内的质子仅有79个。要将铅变为金，只需要发射亚原子粒子轰击铅原子，直到除去其原子核中的三个质子为止。

据说，这项壮举最初于20世纪70年代在苏联的一台核设备上偶然间取得。研究人员在检查反应堆所用的铅盾时，发现一部分铅原子竟然变成了金原子。从某种意义上来说，今天的核物理学家都是炼金术士，但并不会有人愿意使用这个称呼。

铅可以变成金，但是这种变化却不容易达成。

2. 关键点梳理

包括金元素在内的化学元素都是由其原子结构所定义的。更具体一点来说，是原子核内部的质子数（携带正电荷的亚原子粒子）决定了某种化学元素的身份。炼金术士们相信，他们可以运用今天我们称为化学反应的方式，将一种化学元素变为另一种化学元素。这当然是不可能的。但现代物理学的确提供了一种改变原子核内部质子数量的方法，能将某种元素变为另一种元素。

参考阅读 //
No. 83 放射测年，第170页
No. 84 核内电子假说，第172页

3. 一分钟记忆

与大众的想法相反的是，把铅变成金是有可能的，但这一过程需要投入大量昂贵的设备，并运用相当专业的知识。

要靠这个发财恐怕是不太实际了。

No.83
放射测年
地球的年龄之谜终被揭开

1. 多维度看全

地球的年纪究竟有多大？19 世纪 60 年代，威廉 · 汤姆森（之后被册封为开尔文勋爵）已经开始运用其对热力学的理解对这个存在已久的问题进行解答。

在接下来的几十年里，他都坚持认为，地球的温度表明了它仅有几千万岁。汤姆森的论断将自己卷入了知识分子之间的争执之中。地理学家们与生物学家们都认为，地球的实际年龄要比汤姆森所说的大得多（参考阅读：深时概念，第 74 页），而汤姆森则发现，他们说的都是模糊的定性观点。要是有一种定量方法可以测量出地球的年龄就好了。到世纪之交的时候，这种方法真的出现了。

故事开始于 19 世纪 90 年代中期。一位名叫亨利 · 贝克勒尔的科学家发现，含铀的矿物质能够自发产生一种神秘的辐射。皮埃尔 · 居里及其夫人玛丽 · 居里仔细研究了这个现象，并将其命名为“放射性”。

20 世纪初，欧内斯特 · 卢瑟福和弗雷德里克 · 索迪意识到，铀之类的放射性元素会随着其辐射的放出而出现“衰变”——转变身份成为另一种元素。到了 1904 年，卢瑟福提出，可以利用这种现象作为“计时器”来确定岩层年龄。

卢瑟福的测年概念虽然简略，但他的研究将这一概念展示得更加精细、准确。他注意到，放射性的产生具有一种内在随机性，这种随机性就是预示亚原子表现的内在不确定性的早期信号（参考阅读：海森堡的不确定性原则，第 156 页）。然而，将时间等分来看，则会出现一个固定的模式：例如，卢瑟福已经计算出，一定量的放射性镭衰变为原来数量的一半所需要的时间应该总是 2600 年左右。后来的研究者们利用这个“半衰期”理论，提出了放射测年的概念，并最终令学界确信，地球其实已经有数十亿年的历史了。

地球的年龄之谜藏在岩石之中，而揭开谜底的是核物理学家。

2. 关键点梳理

卢瑟福是第一个尝试使用放射测年的人。在已知含铀矿物质衰变会释放出神秘的“阿尔法粒子”的情况下，他提出了一个（正确的）猜想：这些阿尔法粒子最终会被确认是氦的某种形式。这个想法又让他意识到，含铀岩石应该会随时间流逝而逐渐积累起氦。他测量了手边岩石样本中氦的含量，并通过对阿尔法粒子（氦）的生成率的估算，计算出样本岩石的年龄为 4000 万岁。但这是一种较为粗略的估算方法，因为一部分氦可能已经随着时间的流逝从岩石中淋溶了出去。后来，科学家们改进了卢瑟福的方法。

参考阅读 //
No. 82 核嬗变，第 168 页

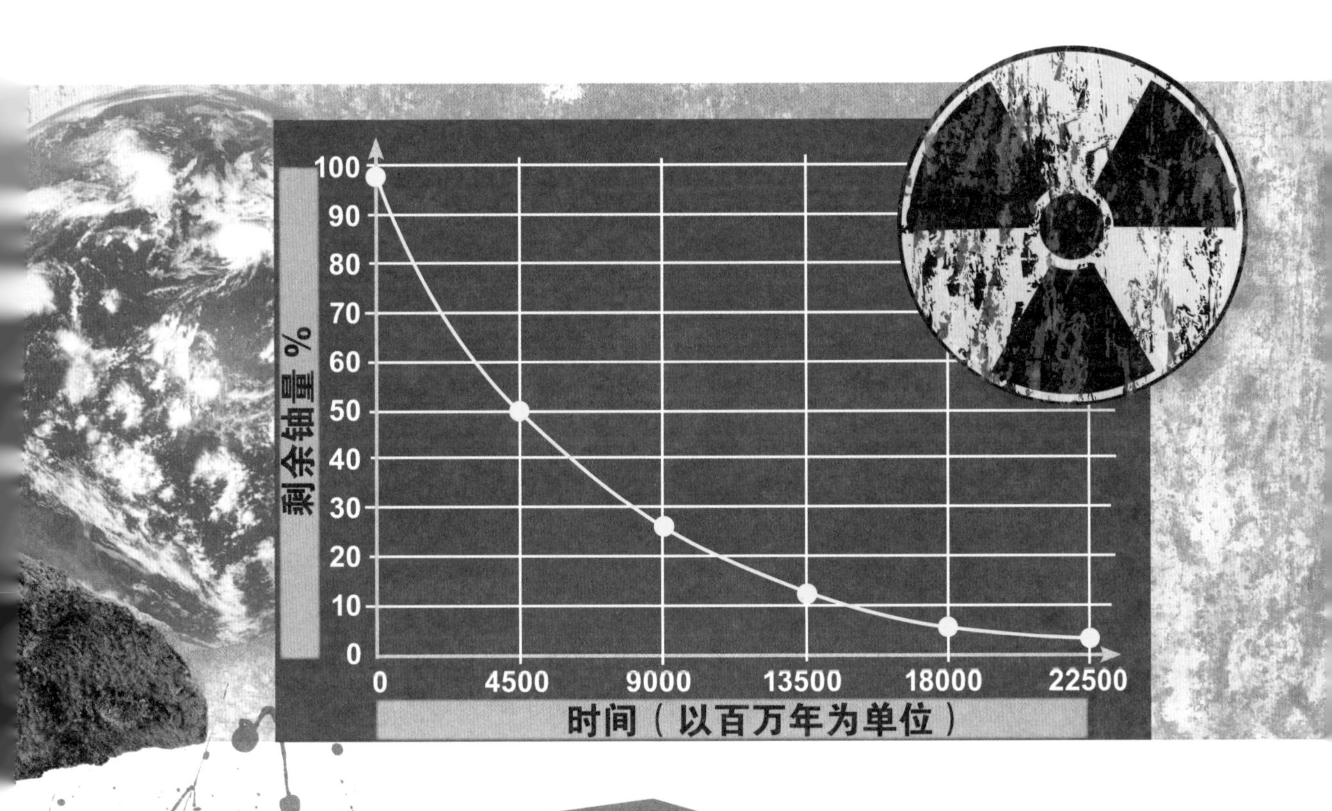

3. 一分钟记忆

在“地球究竟是多少岁”这个问题上，学界已经争论了数百年。

放射测年的概念最终帮助确认了地球的古老，从而平息了争论。

No.84
核内电子假说
藏在原子核中的一道难题

1. 多维度看全

在 20 世纪的最初几年间，物理学家们建立了一个原子模型，其中电子围绕小而质密的原子核运转（参考阅读：卢瑟福 - 玻尔模型，第 154 页）。许多物理学家都把他们的精力集中在理解电子上，而对于另一部分物理学家来说，原子核无疑更具吸引力。核里面有什么呢？

到了 1919 年，欧内斯特 · 卢瑟福有了一个重大突破：他成功从氮原子核上去掉了微小的正电荷粒子，而这些粒子正是后来被大家所熟知的质子。

这个发现令学界非常满意，因为正电荷质子可以通过平衡负电荷电子而使原子保持中性的状态。然而，仍然有一个问题悬而未决。试验结果显示，质子的质量并不足以解释核内物质的总质量，所以核内肯定还有别的东西存在。

主流假说认为，原子核中一定另外还有质子及（为平衡电荷）与前者数量相等的电子存在。这个理论非常吸引人，因为试验结果已经表明，原子核可以释放辐射（学界称之为“贝塔辐射”），而这些辐射似乎由电子构成。然而，核内电子假说也问题不断，尤其是海森堡的不确定性原则似乎暗示了，将电子限制在原子核那么小的空间里所需的能量将会大到几乎不可能实现。

詹姆斯 · 查德威克（1891—1974）

1932 年，詹姆斯 · 查德威克发现了原子核中的另一种粒子，从而挽救了整个局面。他发现的这种粒子比质子稍重，且最关键的是，该粒子是中性的（不带电荷的）。这个后来被命名为“中子”的粒子填补了核物质中的缺额，并表明了原子核是由正电荷质子和不带电荷的中子这两部分构成的。但是，为何原子核有时候还会释放出负电荷呢？查德威克并没有解决这个问题，这可能就是沃纳 · 海森堡在中子被发现之后的一段时间内却继续坚持原子核内一定含有电子的假设的原因。

原子核内部到底正在发生什么事情呢？

2. 关键点梳理

查德威克的研究结果最终帮助推翻了广为流传的核内电子假说。原子核内部是否存在一个类似中子的粒子？对于这个问题，他已经揣度了很长时间。20 世纪 30 年代早期，他听说了费雷德里克和伊雷娜·约里奥－居里的试验。在试验中，这两位科学家用放射物轰击一种名为铍的化学元素，结果铍发出辐射。查德威克意识到，这种铍辐射的表现方式是与众不同的——它不带电荷，但和已知的几种“中性”辐射不同，它可以将质子敲打到从原子核上松动的状态。查德威克推断，为了达到敲松“沉重”质子的效果，辐射本身一定拥有巨大的质量，且由中子所构成。

参考阅读 //
No. 76 海森堡的不确定性原则，第 156 页

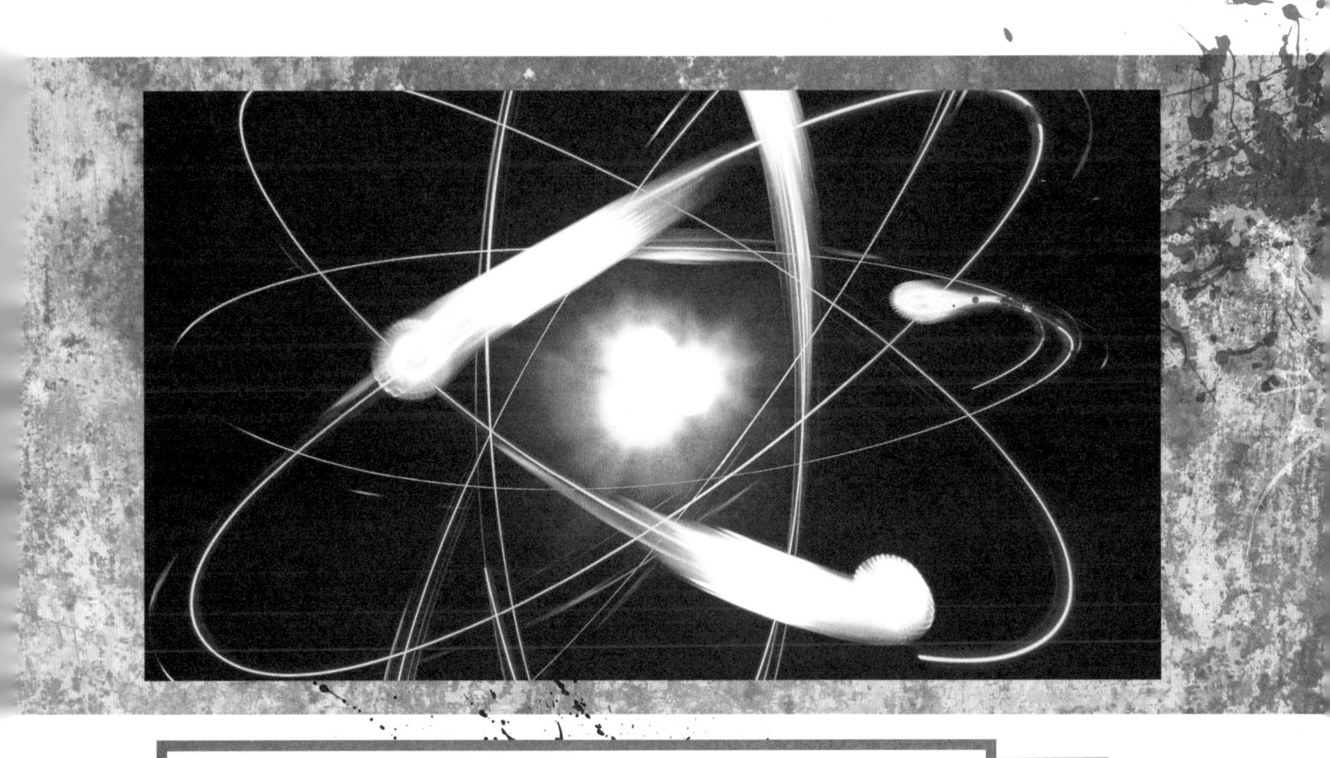

3. 一分钟记忆

核内电子假说是针对原子核内质量缺额问题的一个早期探索，后来中子的发现解决了这个问题。

但该假说仍然非常重要——它所强调的原子核可以释放出电子的事实表明了，在 20 世纪 20 年代和 30 年代，核物理学领域仍存在许多未解的问题。

No.85

核裂变理论 包含爆炸性暗示的科学理论

莉泽·迈特纳（1878—1968）

1. 多维度看全

20世纪30年代早期，詹姆斯·查德威克发现了中子—— 一种原子核内的亚原子粒子。这项发现引发了知识界的连锁反应，最终推动了极具毁灭性的第二次世界大战的终结。

在查德威克发现中子后的几年里，物理学界逐渐意识到，中子不仅是他们所理解的原子核中的一块缺额，它还是用来继续研究原子核内部结构的有力工具。20世纪早期，物理学家们就已经发现，用其他的亚原子粒子轰击原子核可以从中削下一些成分。然而，这些亚原子粒子正如原子核本身一样，全都携带正电荷。因为冲击过来的粒子和原子核是自然相互排斥的，这就限制了试验深入探测核内构成的能力。

中子不携带电荷，并且还是一个相对“较重”的粒子——理论上它可以穿透原子核进入其深处。到了1934年，恩利克·费米开始了用中子轰击铀原子的试验。后来，莉泽·迈特纳、奥托·哈恩和弗里茨·斯特拉斯曼在柏林进行了费米的几项试验，并尝试确认原子产物的身份。

随着纳粹分子势力的扩张，出生于犹太家庭的迈特纳逃离柏林，到瑞典寻求庇护。哈恩和斯特拉斯曼则继续研究并得出了结论：一部分铀似乎变成了原子核小得多的钡。迈特纳和她一起逃到瑞典的侄子奥托·弗里希都意识到，哈恩和斯特拉斯曼已经“撕裂了原子”——他们将铀原子分裂成两块小得多的物质，同时释放出了能量。弗里希将这一过程称为核裂变。在那时，没有人会想到原子核有裂变的可能，但就在核裂变理论诞生后的几年里，原子弹问世了。

2. 关键点梳理

迈特纳和弗里希在核裂变反应试验中，使用一种原子核中含有 92 个质子和 143 个中子的铀元素作为试验对象。用中子对它进行轰击有时候会导致其原子核裂变成两部分，生成氪元素（质子数为 36）和钡元素（质子数为 56）。然而，生成的氪元素和钡元素的总质量却比最初用于试验的铀元素的质量略轻——减轻的那部分质量已经作为能量释放了（参考阅读：质能方程式，第 138 页）。虽然这种能量威力不大，但如果一个中子撕裂原子时释放出两个中子，这些中子就可以撕裂两个稍远的铀原子，被撕裂的铀原子又会释放出四个中子，这些中子就可以再撕裂四个铀原子。以此类推下去，这种快速的原子核连锁反应就会释放出巨大的能量。

原子弹就是原子研究科学的最终产物。

参考阅读 //
No. 84 核内电子假说，第 172 页

3. 一分钟记忆

核裂变理论表明，将大原子核分裂为两个或更多的部分是有可能做到的。

如果不是事实已经证明核裂变可以把质量转换为能量，上述过程可能仍仅限于纯粹的学术兴趣范围内。

No.86 夸克模型

对物质来源的探索

1. 多维度看全

到了 20 世纪中期，物理学界已经能识别许多不同的亚原子粒子。一些科学家开始吐苦水，因为要记住“粒子动物园”中的所有成员实在是困难。那么，能不能找到简化方法来记住这些粒子呢?

默里·盖尔曼（1929—　）

到了 20 世纪 60 年代初，找简便方法的尝试已逐渐开始了。默里·盖尔曼和尤瓦尔·内埃曼二人独立提出了一个被称为“八重法”的理论。在该理论中，“粒子动物园”可以被归纳为几个属类，划分的依据则是所共有的基本物理性质。起初，这种分类法非常有用，但随着更多的粒子被发现，八重法就开始不适用了。

1964 年，盖尔曼（以及后来的乔治·茨威格）提出了一个八重法的根式扩张方案。两位物理学家都认为，有很多粒子实际上是由更小的亚单位构成，少量真正不可再分的或者“基本”粒子能够以不同的方式结合在一起，从而创造出粒子种类多样的“粒子动物园”。

这条新思路有着深远的影响。比如说，它表明了原子核内的质子和中子每一个都是由三个基本粒子构成的，盖尔曼把这些基本粒子命名为“夸克”。这就从根本上解释了为什么原子核有时会排出一个电子：一个中子可以通过改变自己的夸克配置方式而变身为质子，这一过程就会产生一个电子（以及一个名为“反电子中微子”的反物质粒子）。

然而，许多物理学家都不愿接受夸克真实存在，即便盖尔曼本人也不例外，因为他们从未观察到过夸克。直到 20 世纪 60 年代末，情形才开始有所转变——后来的试验证实了质子的确是由更小的亚单位构成，正如盖尔曼和茨威格所预测的那样。于是夸克模型就被广泛接受了。

现在，物理学家们知道了原子核内的质子和中子都分别含有三个夸克。

2. 关键点梳理

按照夸克模型的说法，许多相对大型的亚原子粒子，包括质子和中子，实际上都是由两到三个更小型的夸克构成的。到了 20 世纪 60 年代晚期，这些夸克开始显示出存在。物理学家们利用电子这种非常小的亚原子粒子对更大型的质子进行轰击，然后仔细观察它们的表现方式，以期获得更多关于质子结构的信息。该试验强烈地暗示了质子由更小的构件组成。最终，物理学家们认同了这些构件就是盖尔曼与茨威格所说的夸克。

参考阅读 //
No. 87 标准模型，第 178 页

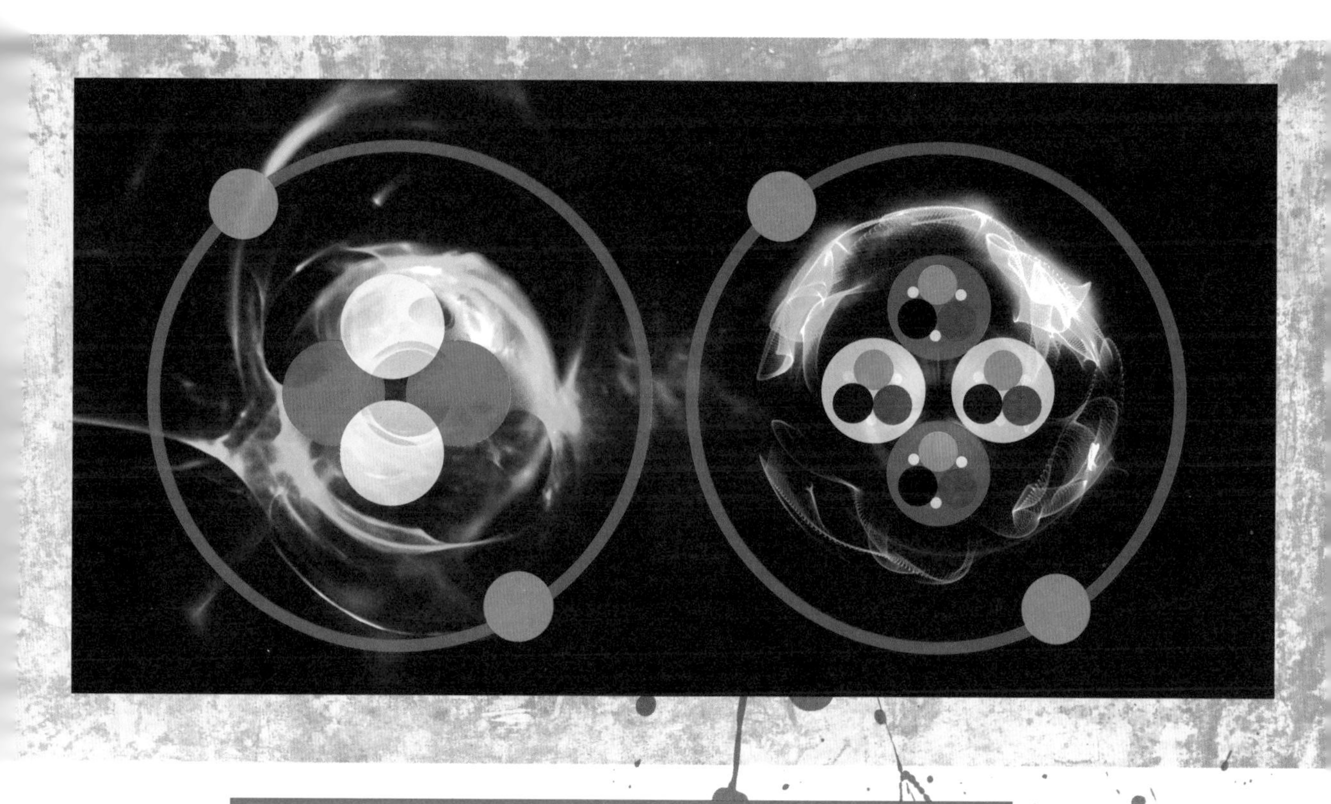

3. 一分钟记忆

到 20 世纪中叶，物理学界已经发现亚原子粒子非凡的多样性了。他们猜想，一定有一个更简单也是更深层的模式可以解释这种多样性。

夸克模型就是这样的模式。

No.87 标准模型

几乎可以解释一切的理论

1. 多维度看全

量子物理学不仅可以解释原子的内部结构，还可以大致地在基本层面上解释宇宙的运行方式。

20 世纪 20 年代和 30 年代，许多量子物理学家都把精力集中在对原子的研究上（参考阅读：卢瑟福 - 玻尔模型，第 154 页）。然而，另一部分科学家，尤其是保罗 · 狄拉克等人却想知道，量子物理学能否解释物质和能量相互作用的方式，从而帮助解释宇宙运行的原理。

20 世纪 20 年代末，科学界发现了证明其可以解释的确凿证据。量子电动力学帮助解释了光（电磁辐射）和物质之间的相互作用。量子电动力学宣称，质子这种亚原子粒子会以光速在物质之间穿梭，就像在时空中传输电磁力的信使一样。这一理论就是量子物理学和阿尔伯特 · 爱因斯坦的狭义相对论的结合体。

随着物理学家们对亚原子世界的了解越来越深入，他们渐渐接受了宇宙中遍布着总共四种基本力的事实。现在，学界已经发现了充分的证据，可以证明其中三种力（电磁力、强力和弱力）通过玻色子（光子就是一种玻色子）这种特殊类型的亚原子粒子在物质之间传输。科学家们甚至还发现了第四种玻色子（希格斯玻色子）存在的证据，这种玻色子和物质产生相互作用后，能使物质获得质量。这种将玻色子和“物质粒子”合并的理论框架（参考阅读：夸克模型，第 176 页）被称为“标准模型”。但它并不完整，因为作为第四种基本力的引力并不符合这一模型。原则上，引力也可以通过玻色子在时空中传递，但学界并未发现假设的这种玻色子（引力子）真实存在的铁证。只有找到了这一证据，标准模型才是真正包罗万象的理论。

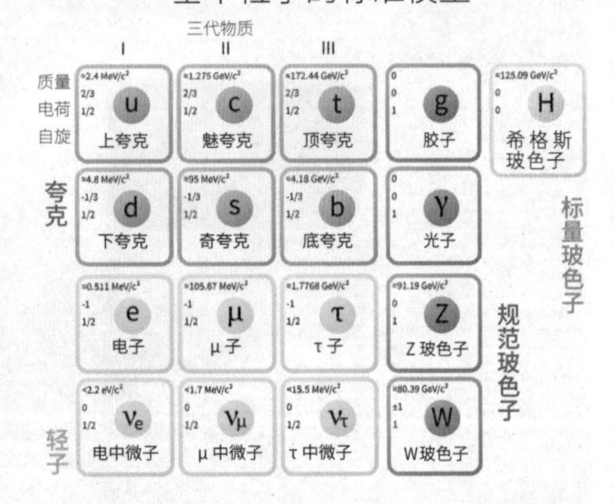

标准模型在基本层面上解释了有关宇宙运行的将近全部的内容。

2. 关键点梳理

标准模型是一个成功的理论，因为它的许多预测都已经被证实了。20 世纪 60 年代，以彼得 · 希格斯为首的六位物理学家提出的预测就是其中一个例子。根据预测所说，宇宙中有一种弥漫在宇宙各处的类力场，沿着宇宙中已知的四种力的力场分布。这种“希格斯场”可以解释部分粒子拥有质量的原因。如果能找到著名的希格斯玻色子这个关联玻色子，就可以证明希格斯场的存在。2012 年，即希格斯玻色子概念提出将近半个世纪之后，物理学家们通过大型强子对撞机终于发现了一个符合许多预测特征的粒子。

参考阅读 //
No. 66 狭义相对论，第 136 页

彼得 · 希格斯（1929— ）

3. 一分钟记忆

标准模型用相对简单的理论成功解决了大量的问题。

该理论在基本层面上对物质、质量和掌管可见宇宙的四种力的其中三种进行了解释。

No.88 弦理论

是真正可以解释一切的理论吗

1. 多维度看全

标准模型（第 178 页）运用量子物理学，在基本层面上为可见宇宙的运行方式提供了一个几近完美的解释方案。然而，当面对人们最为熟悉的物理力之一即引力的时候，这套方案却不管用了。

引力是宇宙的基本力中最先被详尽研究的力。在亚原子层面上，引力较弱，且它的运行方式还是一个谜。大体上，它的表现方式可能和其他的基本力类似，也就是说，它会通过某种特殊的亚原子粒子（引力子）在物体之间传递。然而，物理学家们还未找到引力子存在的有力证据。于是，许多物理学家就认为，或许需要一种基于量子物理学的新理论来解释引力。弦理论就是其中一个新理论。

物理学家们利用领域外的代数几何学来研究弦理论的多个维度。

弦理论在 20 世纪后半叶逐渐创立起来。按该理论的构想，电子和夸克之类的基本粒子（参考阅读：夸克模型，第 176 页）实际上都是振动着的一维丝状体，看起来就像一根根超级短的弦。

然而，弦理论是一个复杂的理论框架，只有在物理学家们假设已知的三维世界外还有许多更高维度的空间存在的情况下，它才能在数学上一致。因此，弦理论从概念上就非常不容易理解。但它似乎的确从量子物理学的角度为解释引力提供了一个方案：其中一种弦振动的方式赋予了弦许多特征，而这些特征正是那些难以捉摸的引力子的预期特征。即便如此，针对“某些版本的弦理论是否真的可以解释一切事物”这一问题，学界仍然没有达成共识，各位物理学家仍然任重道远。

2. 关键点梳理

弦理论自诞生之后，经历了多年的修正和补充，到 20 世纪 90 年代时已经拥有了多个不同的版本。1995 年，爱德华 · 威滕找到一种方式证明了这些不同版本的弦理论实际上都是某个包罗万象的理论的一部分。他将这个理论称为“M 理论”。如果该理论是正确的，那么已知的全体基本粒子肯定都有对应的“超伴子”。这种“超伴子”从根本上表明了宇宙中还存在着另一种尚未被发现的基本粒子。然而，直到 2017 年下半年，学界也还没有发现“超伴子”存在的迹象。也许我们需要重新思考一下 M 理论了。

参考阅读 //
No. 56 牛顿万有引力定律，第 116 页

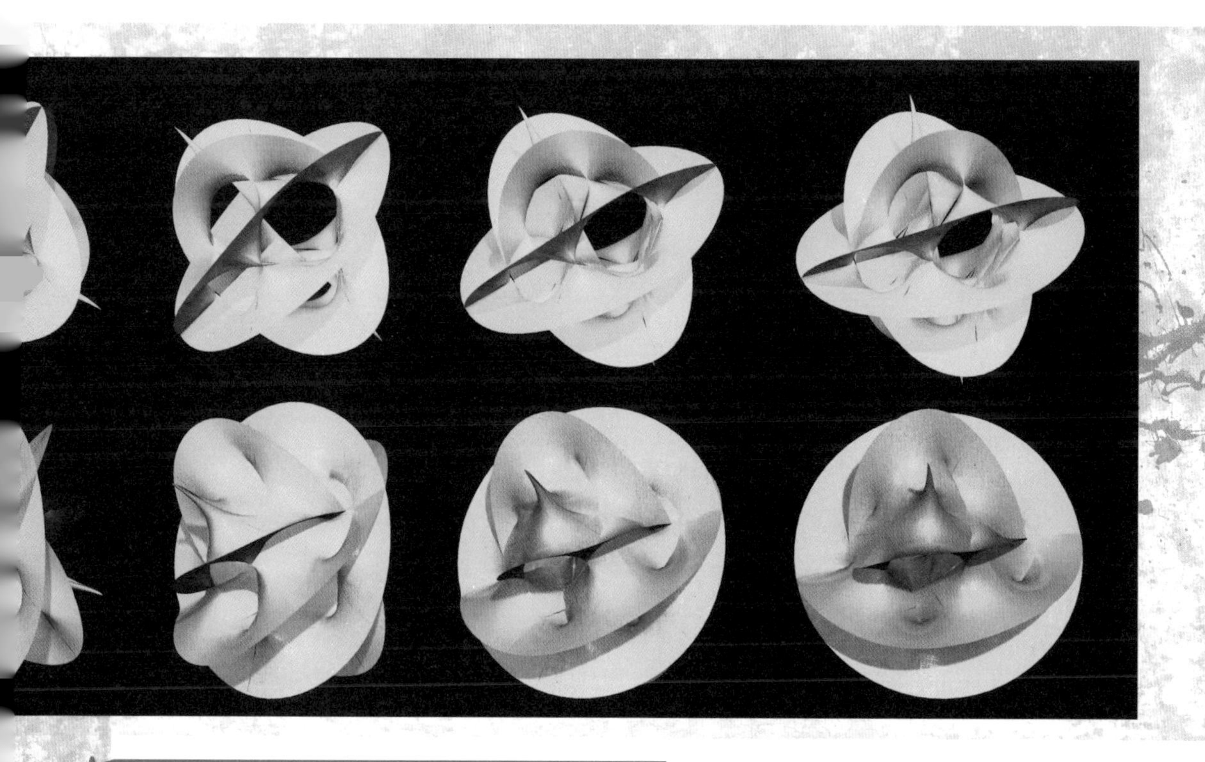

3. 一分钟记忆

想充分理解弦理论会面对知识上的大挑战，因为它宣称宇宙有十个维度，而非我们所熟悉的三个维度。

因为这个理论可以从量子物理学的角度为解释宇宙运行的方式提供一个完整的方案，所以这种复杂性是有价值的。

太空 No.89
金属性 太阳里面是什么

塞西莉亚·佩恩－加波施金
（1900—1979）

1. 多维度看全

20世纪早期，物理学家们觉得他们已经了解了太阳的化学构成。根据学界的一致观点，太阳的化学构成大致上和地球是相同的。20世纪20年代中期，塞西莉亚·佩恩（后来被称为佩恩－加波施金）提出了一个不同的观点，永远改变了天文学界和物理学界看待可见宇宙的方式。

19世纪，威廉·海德·渥拉斯顿和约瑟夫·冯·夫琅和费发现，阳光分解成类似彩虹的光谱时，会被一系列黑色细条纹所干扰，就好像阳光在从太阳发射到地球的过程中，丢失了它特定的颜色（波长），而在光谱中留下黑色条纹一样。

19世纪后期，古斯塔夫·基尔霍夫和罗伯特·本生为上述现象找到了一个解释方案。他们在实验室里加热各种物质，由此确认了某些特定的化学元素会释放（和吸收）精确知道波长的光。如果在太阳的大气层中发现了上述特定的化学元素中的一些元素，而它们可以吸收特定波长的阳光，那么“丢失”的阳光就可以解释清楚了，而物理学家们也渐渐接受了这一说法。“太阳富含钙和铁等金属元素”这一发现意义重大，因为这些金属元素在地壳中的含量也是相对丰富的。

但佩恩认为，物理学家们错误解读了这些和太阳有关的数据。在20世纪20年代早期，她和梅格纳德·萨哈曾有过一次会面。萨哈的研究有力地证明了化学元素的温度会影响其吸收光的方式。基于太阳大气层的极度高温，佩恩认为，太阳主要由氢和氦构成。

佩恩的研究成果促成了金属性概念的诞生：所有恒星的主要构成元素都是氢和氦，以及数量很少的金属元素。该理论为理解宇宙的形成方式提供了一条重要的线索。

“哈佛计算机”帮助人们理解可见宇宙。

2. 关键点梳理

19 世纪晚期，爱德华 · 查尔斯 · 皮克林开始雇用女性帮助分析天文学数据，这些女性雇员后来被称为“哈佛计算机”。安妮 · 江普 · 坎农就是其中之一，她被公认为复杂的恒星分类体系的缔造者。该分类法基于的是恒星的光谱特征。从表面上看，坎农的体系似乎表明了恒星在化学构成方面差异很大，佩恩却认为，坎农的研究结果实际上表明了所有恒星的主要构成元素都是氢和氦，她的分类法强调的是恒星在温度而非化学构成上的差别。随着时间的推移，佩恩的观点逐渐获得了广泛认可。

参考阅读 //
No. 92 宇宙大爆炸理论，第 188 页

3. 一分钟记忆

恒星的外表千差万别：红超巨星的体积比太阳要大上 1000 倍，而沃尔夫 · 拉叶星的温度比太阳要高上 30 倍。

但从构成上来说，所有恒星的主要构成元素都是氢和氦。

No.90
宇宙距离阶梯
通向恒星的阶梯

1. 多维度看全

20 世纪 20 年代初期，科学界一致认为宇宙是巨大的，但没想到是如此巨大。根据哈罗 · 沙普利等有名的天文学家们的设想，在银河系之外应该是没有东西存在的。后来，爱德文 · 哈勃的研究结果使学界认识到了沙普利等人的错误。

哈勃的研究很大程度上有赖于亨丽爱塔 · 斯万 · 勒维特数十年前的一个观察结果。她曾经研究过麦哲伦星云中的造父变星——这是一种亮度会随着时间发生变化的恒星。勒维特猜想，每一个麦哲伦星云中的造父变星对地距离应该是大致相同的。同时她也注意到，这类恒星的亮度越亮，它的"周期"（该恒星明暗的变化速率）就越慢。

在 20 世纪的最初几年里，埃希纳 · 赫茨普龙意识到，勒维特的发现意义非凡。直到那时，使用恒星视差技术来测量和太阳系相对较近的恒星与地球之间的距离才成为了可能。赫茨普龙提出，造父变星可以作为测量更远的天文学距离的补充手段。随着时间的推移，天文学界出现了更多的测量技术，于是形成了现今天文学家所称的宇宙距离阶梯。这是一个用于估量宇宙尺寸的测量体系。

1924 年，哈勃为该阶梯的发展做出了一个重要的贡献：他用赫茨普龙的研究结果估算了宇宙中位于两个星云中的造父变星的距地距离。他算出来的数字非常巨大，达到了 90 万光年左右（850 万的 3 次方千米）。由此他得出结论：这两个星云一定远远超出了银河系的范围。到现在，这两个星云已经被认为是独立的星系。当初，沙普利还将哈勃的研究斥为"垃圾科学"；但很快，他和其他天文学家都接受了哈勃的计算结果，承认了它所表明的宇宙浩瀚无垠的事实。

勒维特的研究促成了宇宙距离阶梯的诞生，这一测量体系确立了可见宇宙的巨大尺寸。

2. 关键点梳理

当地球绕日转动时，天空中的某些恒星似乎在不断变换位置。天文学家们利用这种“移动”的方式（恒星视差）计算出了它们与地球之间的距离，但这种方法仅对近地恒星有效。造父变星则帮助科学家们测定出了更远的宇宙距离。一颗恒星测出的亮度越暗，那么它到地球的距离就越远。但一颗造父变星的“周期”是和它的实际亮度有关的。天文学家们通过恒星视差法，测定了近地的造父变星到地球的距离，由此确定了造父变星的实际亮度、测定亮度以及到地距离之间的简单关系。这样，他们就可以计算出远地造父变星到地球的距离了。

参考阅读 //
No. 91 哈勃法则，第 186 页

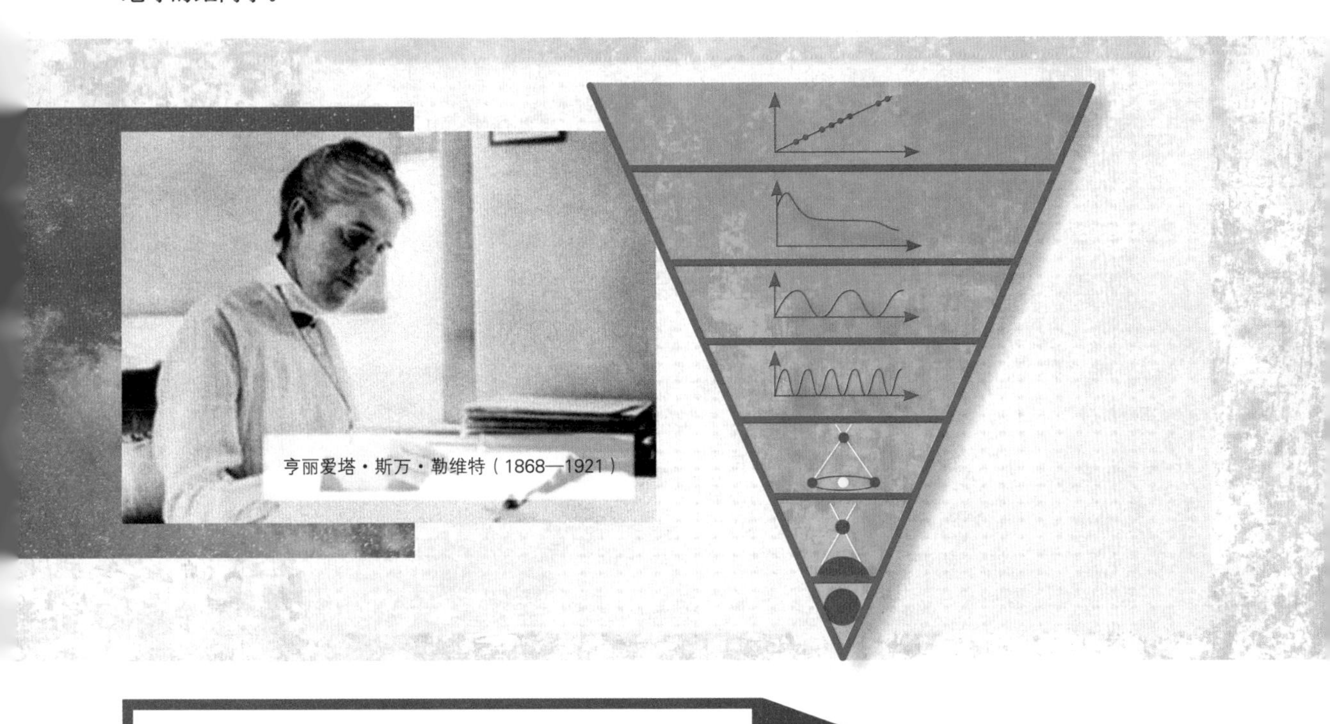

亨丽爱塔・斯万・勒维特（1868—1921）

3. 一分钟记忆

为准确测出浩瀚宇宙的尺寸，天文学家们努力研究了数百年。

宇宙距离阶梯结合了多项技术，能够测量出越来越远的宇宙距离。

No.91 哈勃法则

宇宙渐渐活跃了起来

爱德文·哈勃（1889—1953）

1. 多维度看全

20 世纪初期的科学家们没有在宇宙尺寸的大小上达成一致，但在有一点上他们的意见是相同的：宇宙是静止的。20 世纪 20 年代末，爱德文·哈勃宣布了自己的发现，于是整个科学界的观点才发生了转变。

当时，即使是最著名的科学家的研究也是建立在静止宇宙的假设之上的。当阿尔伯特·爱因斯坦尝试用他的广义相对论来制作（静止）宇宙模型的时候，他发现，他必须在质能方程式中新插入一个项（他提出的“宇宙常数”），才能保证宇宙不致因为自身引力而坍塌。

面对爱因斯坦提出的方案，一些物理学家却并不买账。例如，1922 年，亚历山大·弗里德曼就曾提出，爱因斯坦应该把动态宇宙的可能性考虑进去；后来，乔治·勒梅特也在 1927 年提出了类似的异议。但爱因斯坦并未接受这些意见。

尽管如此，爱因斯坦的想法在几年内还是发生了转变。1929 年，刚刚宣布发现了银河系外恒星（参考阅读：宇宙距离阶梯，第 184 页）的哈勃，宣布了一个更令人震惊的观察结果：这些遥远的恒星正在朝着远离地球的方向运动，它们和地球的距离拉开得越远，其退离速度就越快。这一关系很快得到了其他科学家的认可，后来被命名为“哈勃法则”。

这一观察结果使得许多人相信，宇宙一定是在不断扩大的。连爱因斯坦也被说服了——短短几年内，他便抛弃了宇宙常数的观点。有一件事是众所周知的：有人声称，爱因斯坦后来宣布，宇宙常数是他犯的“最大的谬误”。然而，一些科学历史学家却对这句话的真实性持有怀疑。另外，近期的一些发现重新引起了学界对宇宙常数的兴趣（参考阅读：宇宙加速膨胀理论，第 192 页）。

恒星对地距离越远，它离开地球的速度就会越快。这一法则表示宇宙正处在不断膨胀的过程之中。

2. 关键点梳理

哈勃分析了从远地恒星发射到地球的光谱。由于各个恒星大气层中各化学元素尤其是氢的存在，这些光谱中存在特征线。然而，这些光谱线表现出的频率和到达地球的日光中的光谱线表现的频率不完全一致。星光中的光谱线距光谱红极的实际距离通常比理论上的距离更远。狭义相对论预测，由于时空的扭曲，正在远离观察者的物体发出来的光将会产生这种“红移”现象。哈勃发现，某一恒星看起来越是遥远，红移的程度就会越深（表明它离开地球的速度就会越快）。言下之意就是，宇宙正在不断膨胀。

参考阅读 //
No. 66 狭义相对论，第 136 页
No. 68 广义相对论，第 140 页

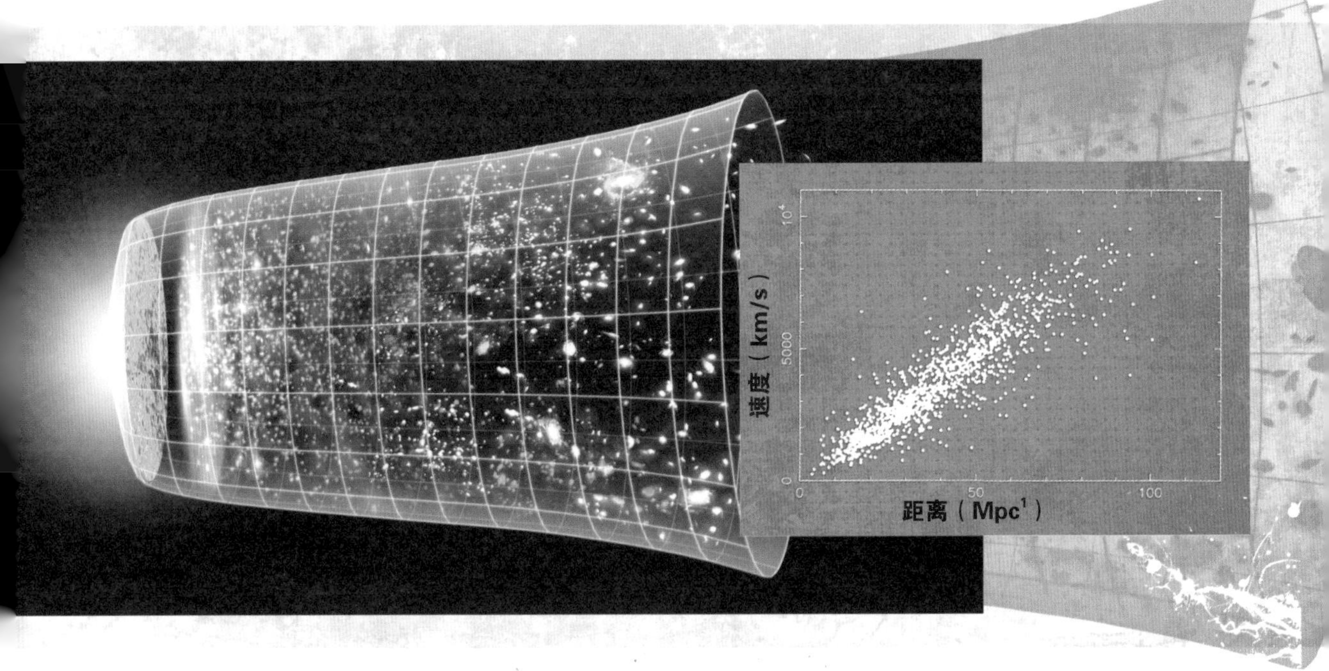

3. 一分钟记忆

20 世纪初，物理学家们，包括爱因斯坦，都假设宇宙是静止的。

哈勃通过仔细观察得来的发现，使得这其中的大多数人转而相信了宇宙实际上是在不断扩大的。

1 pc即秒差距，是一种测量天体距离的长度单位。M是兆，100万倍之意，Mpc即兆秒差距。1pc=3.26光年，兆秒差距一般用来度量相邻星系和星系团之间的距离。——编注

No.92
宇宙大爆炸理论
找到了宇宙的生成之源

1. 多维度看全

1929年，当爱德文·哈勃发表了支持宇宙膨胀的有力证据时，全世界的物理学家们都相当震惊。其中一位名叫乔治·勒梅特的科学家一定对这一进展感到特别振奋，因为他曾在几年前提出过宇宙膨胀的预测。1931年，勒梅特发展了他的理论，并无意中引发了一场长达数十年的科学论战。

勒梅特推断，如果宇宙是在不断膨胀的，那么它过去一定比现在小。于是，他照此逻辑，提出了自己的看法：在很久很久以前的某一时间节点上，宇宙中所有的质量以单个原子的形式存在。

但他的观点没有什么拥护者，因为它就像是在宣扬存在一种上帝般的造物主，令人感到厌恶。勒梅特的罗马天主教神父身份也没有为其赢得更多的支持。许多物理学家反而更赞同稳恒态宇宙学说，该理论认为宇宙根本就没有起源，也没有尽头。虽然哈勃的研究已经令许多科学家相信了宇宙膨胀学说，但稳恒态宇宙说的支持者们提出了不同意见：如果物质真的随宇宙不断膨胀而持续产生，那么宇宙本身就不会真正改变其外观。

然而，不是所有人都选择相信这种说法。20世纪40年代，拉尔夫·阿尔菲和罗伯特·赫尔曼基于宇宙在初始阶段体积小而温度高的观点，做出了一系列预测。他们认为，宇宙在初始阶段所留下的“余晖”，应该仍作为一种微弱的辐射信号存在于现今的宇宙之中。

1964年，阿诺·彭齐亚斯和罗伯特·威尔森发现了这样的信号，后来该发现被称为“宇宙微波背景”。这个发现成为对稳恒态宇宙学说的致命一击。1949年，弗雷德·霍伊尔将勒梅特的修正理论称为“宇宙大爆炸”，这一称呼相当引人注目。到了20世纪60年代晚期，学界已经完全认可了宇宙大爆炸理论。

勒梅特和哈勃的研究推动了学界对宇宙大爆炸理论的认同。

2. 关键点梳理

根据稳恒态宇宙学说，宇宙的外观从未发生过变化。然而，到了1961年，马丁·赖尔和伦道夫·克拉克这两位天文学家在宇宙深处发现了一些不寻常的物体。它们的数量大到不可想象，后来被命名为“宇宙射电源”。宇宙中的这些远地空间比近地空间的历史更长（它们发出的光传递到地球所历路程长得多，所以会耗费更长时间到达地球）。赖尔和克拉克的发现为学界提供了一条意义重大的线索。在遥远的过去，宇宙拥有的射电源比现在多，这就是说，它过去的样子与现在是不同的。这一发现沉重打击了稳恒态宇宙学说，从而为宇宙大爆炸学说的崛起铺平了道路。

参考阅读 //
No. 91 哈勃法则，第 186 页

乔治·勒梅特（1894—1966）

3. 一分钟记忆

宇宙大爆炸理论由于太过大胆，在诞生之初就遭到了许多科学家的怀疑。然而，随着望远镜下的宇宙研究越来越深入，学界的态度逐渐发生了转变：

只有在宇宙大爆炸学说成立的情况下，现今可见宇宙的外观才能说得通。

No.93
暗物质的概念
一个 85 年来仍未解开的（计数）谜题

1. 多维度看全

早在 19 世纪，一些物理学家就已经提出怀疑，认为宇宙中真正存在的物质或许比目前看到的要多，但对于许多科学家来说，暗物质的概念应该是由弗里茨 · 茨威基在 1933 年最先提出。

茨威基曾研究过后发星系团，它是一个包含大量星系的集群，各星系在一小块宇宙空间里密集地排列在一起，被万有引力松散地束缚在一起。茨威基测量了该星系团中的八个星系的速度，得出的数字大约为 1000km/s。这个数字相当令人意外，因为以这个速度运动的话，这些星系应该会脱离星系团的万有引力而飞出星系团了。

要么是艾萨克 · 牛顿的万有引力定律出了错，要么是后发座星系团实际的质量远大于可见物质的质量，大到产生足够的引力将高速运动的星系拉到一起。茨威基将这些看不见的物质命名为“暗（冷）物质”。

1936 年，辛克莱 · 史密斯注意到，室女星系团实际的质量似乎也比观测到的物质质量更大。1939 年，霍勒斯 · 巴布科克对仙女座星系的研究也提供了更多的证据。

令人不解的是，这些重要的观测结果却或多或少被大家忽略掉了。直到 20 世纪 70 年代早期，学界才开始重视起来，紧锣密鼓地采用新型测量手段对这一问题重新进行分析，所得出的结果证实了 20 世纪 30 年代的观测发现。到了 20 世纪 70 年代晚期，学界已经达成广泛共识，认为可见宇宙实际包含的物质的确比天文学家们可以观测到的物质要多得多；但在描述这些看不见物质的具体形态问题上，还没能达成一致意见。

谜团至今仍未解开。大多数科学家都认为，暗物质大约占可见宇宙质量的 85%，然而，尽管他们已尽了最大努力，却仍未确定暗物质的样子。

星系团可能是由暗物质维系在一起的。

2. 关键点梳理

20 世纪 70 年代，耶利米 · 奥斯特里克和詹姆斯 · 皮布尔斯建立的计算机模拟告诉我们，只有拥有一个体积庞大的、由暗物质构成的“光环”延伸至其可见边缘外，银河系才能保持现有形态。假设这种暗物质光环由不寻常的亚原子粒子构成，该亚原子粒子会和典型的物质粒子进行非常有限的相互作用，那么每一秒钟都会有无数个这种亚原子粒子穿过地球。为了测出这些假设的“弱相互作用大质量粒子”在穿过地球时对典型原子所施加的细微影响，科学家们已经建立了好几个专门的实验室，但到目前为止，没有任何一个试验能够提供出弱相互作用大质量粒子真实存在的有力证据。

参考阅读 //
No. 56 牛顿万有引力定律，第 116 页

弗里茨 · 茨威基（1898—1974）

3. 一分钟记忆

许多星系和星系团的实际引力场和它们含有的可见物质产生的引力场比起来，似乎要强烈许多。对这一矛盾的主流解释认为，这是因为它们还含有大量不可见的暗物质。

但没有人确切地知道这种假设的暗物质的形态。

No.94 宇宙加速膨胀理论

为什么“大坍缩”现在看起来不太可能

1. 多维度看全

就在 90 年前，许多科学家还持有宇宙形态亘古未改的假设。到了 20 世纪 20 年代晚期，爱德文·哈勃证明了那些科学家的想法是错误的，并提出宇宙实际上正在不断膨胀。后来，就在世纪之交，转折发生了——一些天体物理学家提出了“可见宇宙正在加速膨胀”的观点。

布莱恩·施密特（1967— ）

根据宇宙大爆炸理论，可见宇宙最初的体积极其微小，它膨胀的过程已经持续了数十亿年。但大多数科学家曾认为，宇宙膨胀的速度最终会慢下来。因为分布于宇宙空间中的所有物质之间都会相互吸引（参考阅读：牛顿万有引力定律，第 116 页），所以物质之间的引力作用应该会减慢宇宙膨胀的速度。甚至可以这样认为：可见宇宙包含的物质数量之多，最终会逆转膨胀现象，从而导致宇宙空间的收缩，结果就是宇宙中的一切都结束于一场“大坍缩”。

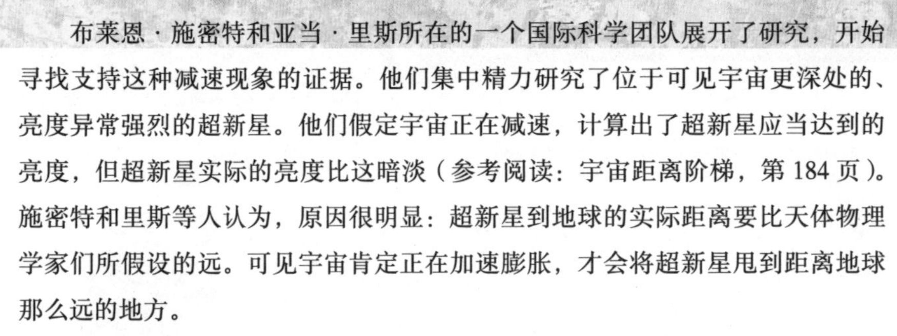

布莱恩·施密特和亚当·里斯所在的一个国际科学团队展开了研究，开始寻找支持这种减速现象的证据。他们集中精力研究了位于可见宇宙更深处的、亮度异常强烈的超新星。他们假定宇宙正在减速，计算出了超新星应当达到的亮度，但超新星实际的亮度比这暗淡（参考阅读：宇宙距离阶梯，第 184 页）。施密特和里斯等人认为，原因很明显：超新星到地球的实际距离要比天体物理学家们所假设的远。可见宇宙肯定正在加速膨胀，才会将超新星甩到距离地球那么远的地方。

研究团队很快就将这一观察结果视为支撑宇宙加速膨胀理论的关键证据。他们意识到，这一理论表明了宇宙中存在某种促使加速的神秘“反重力”。这种神秘力量有时也被称为“暗能量”。

各个星系似乎正加速远离彼此。

2. 关键点梳理

大多数物理学家不仅认可宇宙加速膨胀理论，甚至认为阿尔伯特·爱因斯坦在一个世纪前就在无意中预测过宇宙的加速膨胀。1917 年，爱因斯坦发现，给广义相对论的方程式插入一个附加项，即“宇宙常数”（参考阅读：哈勃法则，第 186 页），该方程式仍然有效。虽然爱因斯坦在 20 世纪 30 年代放弃了这一附加项，但在现今的一些物理学家眼中，爱因斯坦其实不应该这么做。如果说宇宙常数有什么正面价值，我们可以说它预见到了宇宙的加速膨胀现象。一些物理学家认为，爱因斯坦的宇宙常数可以被视为对“暗能量”存在的最早提示。

参考阅读 //
No. 68 广义相对论，第 140 页
No. 91 哈勃法则，第 186 页
No. 92 宇宙大爆炸理论，第 188 页

3. 一分钟记忆

20 世纪末，许多物理学家认为，由大爆炸引起的可见宇宙膨胀最终会变慢下来，甚至发生逆转。

宇宙加速膨胀理论则表明，这种膨胀现象可能会永远保持加速的状态。

No.95
暴胀理论
宇宙诞生时的惊人现象

1. 多维度看全

20 世纪初，出现了好几个宇宙研究方面的新理论，内容十分大胆。这些理论所做的许多预测都被观察结果确证了，但还有一部分等待进一步的观察，似乎这些理论缺失了一块重要内容。后来，一些物理学家提出，暴胀理论可以提供这一缺失的内容。

大多数物理学家认为，宇宙在最早期时，其温度之高、密度之大、尺寸之小，都达到了令人难以置信的程度（参考阅读：宇宙大爆炸理论，第 188 页）。

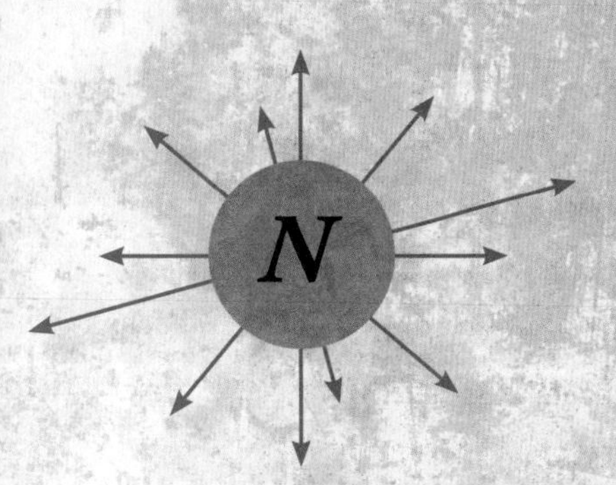

要确切解释这个年轻的高温宇宙的表现是一个相当重大的挑战，但物理学家们认为，他们发展出的理论或许包含了破题的重要线索（参考阅读：弦理论，第 180 页）。然而，这些理论存在一个重大的问题：其中有许多预测，早期宇宙应该会产生大量少见的外来亚原子粒子（磁单极子），并且这些粒子应该到现在还保持着相当的规模。然而，我们并没有发现可见宇宙中有磁单极子。

20 世纪 70 年代晚期到 80 年代早期，阿兰 · 古斯构建了一个可以解释磁单极子缺失的理论。根据古斯的观点，宇宙在诞生后的第一秒钟内，膨胀的速度是非常惊人的，甚至远远超过了光速。然后，宇宙就脱离了这个短暂的“暴胀时代”，其表现就和现在的情形一致了。如果这种暴胀在宇宙充满磁单极子之后立即发生，这一过程就应该使磁单极子的分布密度急剧下降。大致来说，宇宙就类似一团甜味面包面团，磁单极子就类似面团中的小葡萄干，随着面团发酵变大，这些葡萄干就会离彼此越来越远。

后来，古斯意识到他的理论也可以解释其他的深奥谜团，视界问题就是其中之一。尽管有好些高姿态的批评者直言不讳地对此提出异见，但因为成功解释了许多重大问题，暴胀理论便越来越流行起来。

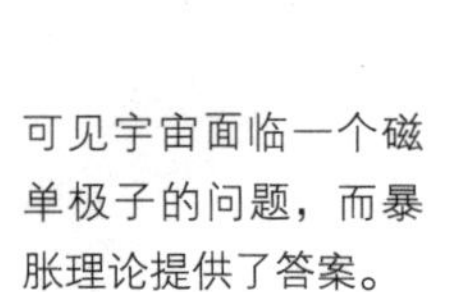
可见宇宙面临一个磁单极子的问题，而暴胀理论提供了答案。

2. 关键点梳理

想象将一个煮水器放进冷水游泳池中，然后仅仅十秒钟之后整个池子的水都变暖了。这个结果听起来简直不可思议，因为水池远端的水需要更长的时间来对煮水器产生反应。视界问题跟上述问题有一点相似：可见宇宙一端的属性和另一端的属性是相似的，尽管自宇宙诞生以来，两端相距太远而不能响应对方。暴胀理论可以解释这个问题。想象将煮水器放入一杯水中，然后这杯水在几秒钟后迅速膨胀到游泳池那么大。在暴胀发生之前的那几秒钟内，水的温度已经变均匀了，在后来的膨胀过程中，水温也会保持均匀状态。

参考阅读 //
No. 97 多重宇宙假说，第198页

阿兰·古斯（1947— ）

3. 一分钟记忆

20世纪晚期，物理学家们意识到，他们的宇宙理论并没有预测到某些观测结果。

他们发现，如果宇宙在其历史初期发生过短暂但非常快速的暴胀，就可以解释这些问题了。

No.96
金凤花姑娘的宇宙
是为人类而创造的真实世界吗

1. 多维度看全

人类是幸运的。地日距离使得地表可以保存液态水，几乎人人都知道这是生命存在的先决条件。但许多物理学家认为，人类的幸运远超于此——正如我们所知道的那样，可见宇宙非常适合物质、恒星、行星以及生命存在。他们认为，我们的宇宙“刚刚好”，它就是金凤花姑娘[1]所喜欢的那种宇宙。

在过去的50年里，很多物理学家都对可见宇宙的基本特征似乎已经被细致地调整到刚好适合生命生存这一现象发表过看法。20世纪80年代晚期，斯蒂芬·霍金注意到，电子所携电荷上的一个细微差值（参考阅读：梅子布丁模型，第148页）就会阻止恒星产生为地球上的生命所用的化学元素。

马丁·里斯在自己2001年出版的一本书中探讨了上述观点。他强调，控制着从原子到星系的一切事物表现的是六个物理常量。据物理学界所知，虽然这六个常量是完全不相关的，但它们各自都是生命存在不可或缺的条件。这六者中的任意一个有细微变化，宇宙可能就在很久以前坍塌了，现有星系也就不会形成。这一理论同样表明了，现今的宇宙“被细致调整”到非常适合生命存在。

即便如此，金凤花姑娘的宇宙这一理论仍然受到了许多物理学家的批评。他们担心，这一理论似乎暗示存在一双造物者之手。针对我们被细致调整过的宇宙，一些科学理论也提供了一个理性的解释（参考阅读：多重宇宙假说，第198页）。

---

1 金凤花姑娘是美国传统童话中的一个人物。由于金凤花姑娘喜欢不冷不热的粥、不软不硬的椅子这种“刚刚好”的东西，所以后来美国人常用“金凤花姑娘”来形容“刚刚好”。——译注

正如我们知道的，可见宇宙的温度既不太冷也不太热，恰好适于生命的存在。

2. 关键点梳理

金凤花姑娘的宇宙这一理论跟哲学也有关系。可见宇宙现在的存在形式非常适合已知碳基生命存在。但也有科学家提出，也许还会有生命以超乎我们想象的形式存在。特征上有细微差别的宇宙也许不适合碳基生命存在，但它仍有可能可以为其他生物提供合适的生存环境。从某种角度来说，那些“另一种宇宙”也会被细致调整到适合生命存在，只不过这种生命不是碳基生命罢了。换句话说，地球生命是碳基生命其实一点也不奇怪，因为可见宇宙的先决条件考虑到了这种可能性。也许，并不是我们所处的宇宙被精细调整到适于生命存在，而是碳基生命被精细调整到适应了宇宙环境。

参考阅读 //
No. 92 宇宙大爆炸理论，第 188 页

马丁・里斯（1942— ）

3. 一分钟记忆

物理学家们已经列出了一系列复杂的方程式来解释宇宙的各种表现。

稍稍调整其中的一些数字，都会将我们所处的宇宙引向一条完全不同的发展路径，使其不再适合碳基生命存在。

No.97 多重宇宙假说

宇宙之外还有别的宇宙吗

1. 多维度看全

20 世纪 20 年代，物理学家们开始接受人类所在银河系只是可见宇宙中众多银河系中的一个这样的观点（参考阅读：宇宙距离阶梯，第 184 页）。那么我们会不会在某一天发现，可见宇宙其实也只是现存的无数宇宙中的一个呢?

可想而知，可见宇宙指的是人类目前能观测到的外太空区域。照此推论，可见宇宙的大小是有限的，因为我们根据观测认为，宇宙中穿梭的光拥有一定的速度（参考阅读：狭义相对论，第 136 页），并且宇宙也有一定时长的历史（参考阅读：宇宙大爆炸理论，第 188 页）。换言之，自宇宙中的第一批恒星诞生以来的光到达地球所历路程就有一个公认的极限。

然而，在我们可见宇宙的“宇宙视界”以外，或许还存在广阔的空间区域。20 世纪 80 年代，学界对这一观点产生了兴趣，有人认为，在成形之初，宇宙短暂经历过一场速度极快的膨胀（参考阅读：暴胀理论，第 194 页）。保罗 · 斯坦哈特和安德烈 · 林德以及其他物理学家都意识到，宇宙的暴胀过程理论上永远不会结束。照此逻辑，理论上便存在着这样的可能性：宇宙视界之外的太空区域庞大到不可想象，并且还囊括大量的其他“宇宙”，它们共同构成了“多重宇宙”。

探索多重宇宙的假说有很多。在一些物理学家看来，这些假说都是有问题的，因为证明这些假设的其他宇宙存在的证据可能根本无法观测到。然而，另外一些物理学家对这些意见并不在乎，他们认为，如果某种理论既可以解释目前可见宇宙的特征，又暗示了其他宇宙的存在，那么我们就应该承认这些宇宙的存在，尽管我们可能永远看不到它们。

可见宇宙之外会不会有其他宇宙等待着我们去探索呢?

2. 关键点梳理

多重宇宙理论认为，在浩瀚的太空中或许存在多到不可想象的宇宙，其中一些宇宙看起来与我们的宇宙相同，但更重要的是，还有一些宇宙与我们所处的世界大相径庭，支配着这些宇宙的自然法则也不同。这种说法或许能解开这样一个谜团：为什么我们所处的宇宙似乎受到被调整到适合碳基生命存在的法则的支配？如果为数众多的宇宙真的存在，那么其中一个宇宙，也就是我们所处的这个宇宙，存在一套考虑到人类生存的法则，可能就是简单概率的一个例子。然而，如果这一理论是正确的，它就暗示了根本就没有必要弄清楚我们的宇宙存在这套自然法则的原因，因为这可能仅仅是统计上的一起偶然事件。许多物理学家，包括斯坦哈特在内，对这种理论并不赞同。

参考阅读 //
No. 98 多世界解释，第200页

安德烈·林德（1948— ）

3. 一分钟记忆

我们所处的可见宇宙横跨了930亿光年的空间，已经足够广阔了，但在一个大到难以想象的真实世界中，它或许只是一粒微尘。

真实世界中可能包含数不清的宇宙，这些宇宙与我们的可见宇宙大体相同。这些“宇宙”集合在一起，就形成了一个多重宇宙。

No.98

休·埃弗莱特三世（1930—1982）

多世界解释

真实世界会有其他不同版本吗

1. 多维度看全

如今，物理学家们已经开始探索我们的可见宇宙只是众多宇宙中的一个的可能性（参考阅读：多重宇宙假说，第 198 页）。然而，这些假说中的其他宇宙被比较单一地看作真实世界海洋上众多岛屿的集合。量子物理学领域则提供了不一样的见解。

20 世纪 50 年代，量子物理学所预测出的结果深深困扰了当时的许多物理学家。休·埃弗莱特三世尤其关注因薛定谔于 20 世纪 30 年代做的思维试验而闻名的"测量问题"。

简言之，亚原子——量子——规模的物质表现似乎是由概率支配的。某一个粒子可以同时以不同程度的概率以不同的形态存在（例如，同时以 50% 的可能性以形态 A 存在，以 50% 的可能性以形态 B 存在）。直到它在某一时刻被观察到，概率"波函数"便随之坍缩，该粒子的形态也就确定下来了——100% 的可能性以形态 A 存在。埃弗莱特想知道，这个粒子的那些其他可能版本在波函数坍缩的那一刻会怎样。

随后，他提出了一个非常奇特的观点：波函数可能永远不会坍缩，它可能会继续分裂出更多版本的真实世界，但每一个版本的真实世界都不能与其他版本沟通。在每一个真实世界中，都存在一版不同的试验观察者（扩展开来：不同版本的地球、不同版本的银河系，等等）。

该理论一经宣布便遭到了大多数人的奚落，随后被忽视了数十年之久。然而，在 20 世纪 60 年代和 70 年代，（一开始对埃弗莱特的观点也抱有怀疑的）布赖斯·德威特复兴了这一理论。德威特把这个理论称为"多世界解释理论"。直到今天，它仍具有争议性。

多世界解释理论表明，到达不同真实世界的新大门永远敞开着。

2. 关键点梳理

我们都知道，薛定谔的猫同时处在生与死的状态之中。更具体地说，它以某一概率活着，同时以某一概率处在死亡的状态中。直到一名观察者对装着猫的盒子进行窥视，概率波函数才会坍缩。但埃弗莱特认为，即使有人窥视，波函数也不会坍缩。我们所在世界中的一名观察者可能会证实猫是活着的，但就在确认的那一瞬间，另一个平行版本的真实世界就会突然出现，在这个世界中的观察者将会发现盒子中的猫是死的。隐含的难题在于，我们不能和平行世界进行交流，所以“多世界”理论的反对者们会说，我们并不能确认“多世界”的存在。

参考阅读 //
No. 79 薛定谔的猫，第162页

3. 一分钟记忆

亚原子物体似乎具备同时存在于多个状态之中的可能性，直到它们被观察到，其状态才得以确定。

多世界解释理论则认为，即使被观察到，这种多重状态的情况还是会继续下去。

No.99
大飞溅假说
月球的诞生

1. 多维度看全

太阳长期以来都是科学研究的焦点，相比之下，科学界对月亮的关注度却不是太高。然而，在过去的 40 年里，科学家们在地球的天然卫星如何形成这个问题上达成了广泛共识：月球其实是由一场大飞溅造成的。

对月球形成问题的关注至少可以追溯到乔治 · 达尔文（查尔斯 · 达尔文的第五个孩子）。19 世纪 70 年代，达尔文就提出：地球早期的转速是非常快的。在快速的自转过程中，一些物质脱离地表被甩了出去，最终这些物质融合在一起形成了现在的月球。这一理论后来被称为“裂变假说”，但到 20 世纪早期时便逐渐式微。福雷斯特 · 雷 · 莫尔顿及其他科学家指出，按裂变假说形成的月球会缺乏能量，有可能在适当的时候又返回到地球。虽然裂变假说在 20 世纪 60 年代曾经历过一场复兴，但那时另一个新模型已经崭露头角，后来受到更多人追捧。

乔治 · 达尔文（1845—1912）

1946 年，雷金纳德 · 戴利提出，早期地球可能与小行星相撞过，或许是撞击产生的碎片结合在一起而形成了月球。20 世纪 70 年代中期，在研究了太阳系中行星最初如何形成的问题之后，威廉 · 哈特曼和唐纳德 · 戴维斯得出了一个类似的理论。他们认为，地球这种体积相对较大的行星最初都有一系列较小的“微行星”围绕在周围，且它们的运行轨道大体相同。哈特曼和戴维斯通过计算得出，如果一个直径约 1200 千米的微行星撞击地球，所产生的能量将足以使地球上的物质飞溅出很远，而这些飞溅出来的物质最终将会融合在一起形成月球。

很多科学家认为，月球是在一场规模巨大的宇宙撞击后形成的。

大多数科学家被这一套言之有理的观点给吸引住了，该理论后来便成为关于月球形成问题最受欢迎的假说。现在，人们将其称为“大碰撞假说”，更正式的称法则是“大飞溅假说”。

2. 关键点梳理

在地球刚刚形成几千万年的时候，它曾和一个假设的微行星（有时称为忒伊亚）发生过碰撞。现在的大多数科学家都支持这一观点。他们还认为，来自地球（及忒伊亚）的密度相对较低的岩石物质被喷射到了太空，而大多数密度更大、富含铁元素的物质却陷进地核之中（参考阅读：发电机理论，第 80 页）。被喷射到太空的岩石物质在数十年里逐渐融合在一起，形成了月球。大飞溅假说不仅解释了月球的许多特征，例如它的相对低密度，还为在阿波罗计划期间搜集到的月球岩石拥有与地球类似的化学特征这一发现提供了解释。

参考阅读 //
No. 89 金属性，第 182 页

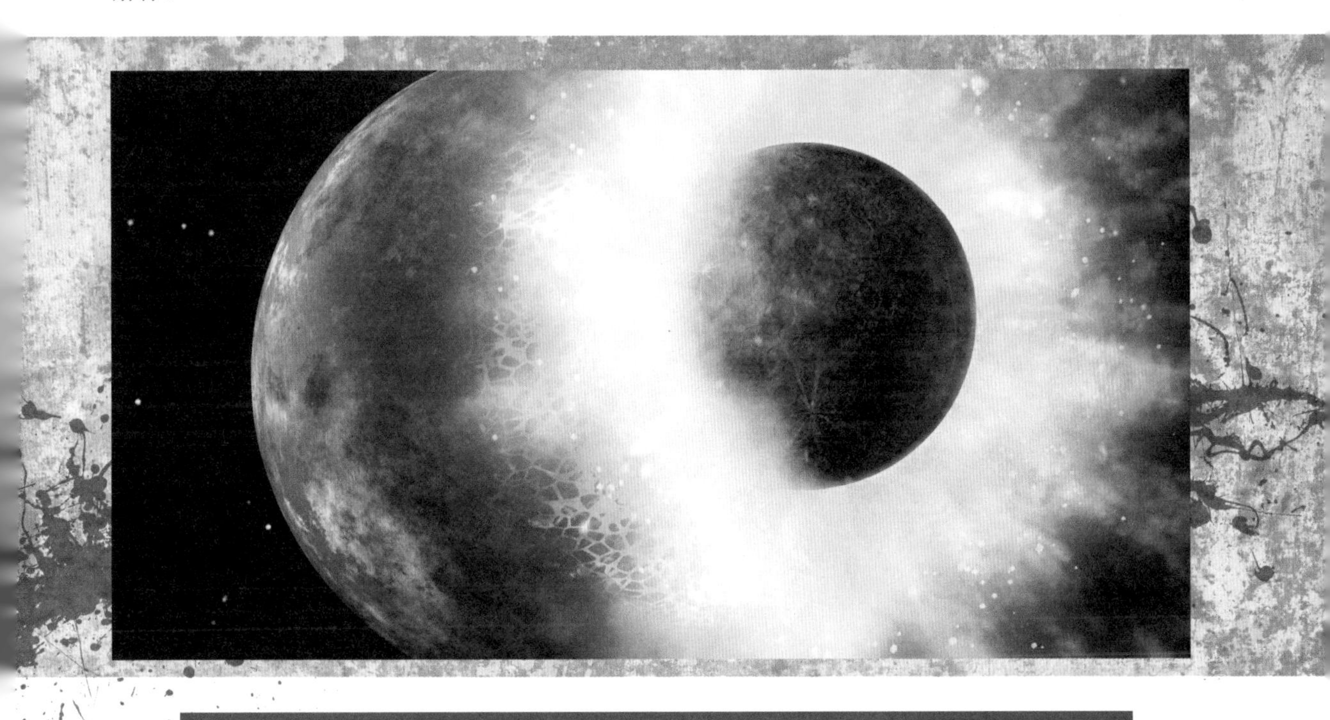

3. 一分钟记忆

科学界认为，地球形成于大约 45.4 亿年前，而月球则诞生于地球形成数千万年之后。

主流假说认为，月球起源于地球和另一类似行星的物体撞击时产生的一场“大飞溅”。

No.100 有生源说

我们究竟来自哪里

1. 多维度看全

过去400年里的科学进步已经刷新了我们对地球和宇宙的认知，但仍然有一些问题没有找到答案，例如这个基本问题：生命的起源是什么？

大多数生物学家认为，人类起源于数百万年前的非洲（参考阅读：走出非洲假说，第68页），而所有生物都可以追根溯源到数十亿年前（参考阅读：“露卡”假说，第32页）。但是在这之前的情况是怎样的呢？

斯凡特·阿伦尼乌斯（1859—1927）

生源论假说认为，生命源于生命，即使是细菌这样的单细胞有机体也是如此。包括威廉·汤姆森（后来的开尔文勋爵）在内的一些19世纪的科学家则从归纳角度提出（参考阅读：黑天鹅问题，第72页），生源论就像牛顿的万有引力定律一样，是一个普遍法则，如果生命总是来自于生命，那么生命一定总是存在的，也就是说生命根本没有起源。

然而，汤姆森怀疑地球本身应该是相对年轻的（参考阅读：放射测年，第170页），这使他认为地球生命肯定来源于外太空的陨星。后来这种观点被命名为“有生源说”。

这种理论在19世纪引起了极大争议，时至今日，争议也连绵不休。值得注意的是，现在的科学界一致认为，宇宙的确起源于大约138亿年前（参考阅读：宇宙大爆炸理论，第188页）。这样一来，汤姆森的有生源说的一个核心设定便会遭到严肃拷问：如果宇宙不是永恒的，那么宇宙中的生命也不会是永恒的，它肯定曾生发于宇宙中的无机物质之中至少一次。许多生物学家怀疑，生命有可能来源于早期地球上的“非生命体”，并在理解这一可能的发生过程上继续迈进（参考阅读：RNA世界假说，第50页）。

一些科学家认为，地球生命实际上来源于宇宙的其他地方。

2. 关键点梳理

有生源说有很多个版本，但是所有版本都假定，至少某些有机体可以穿越外太空的恶劣环境。斯凡特·阿伦尼乌斯就是首批真正探索这个问题的科学家之一。在20世纪早期，他就基于理论提出，如果像细菌那么小的有机体脱离了地球的引力，它们就会被来自太阳的辐射压力“往外推”，历经大约9000年而到达一个邻近的恒星系统——半人马座阿尔法星。他还引用试验结果来表明，细菌不仅可以在太空中的极端辐射环境中生存，还能经受住太空的超低温。

参考阅读 //
No. 47 生源论假说，第98页
No. 56 牛顿万有引力定律，第116页

3. 一分钟记忆

对于回答“地球生命到底是如何形成的”这一问题，科学家们还没有十足的把握。

有生源说表明，我们甚至还不知道地球生命来自于宇宙的何方。

致谢

在写这本书的过程中，我从不同来源收集了许多信息：学术文献中发表的同行评议的科学论文以及在线资源，包括斯坦福大学哲学百科全书、加州大学伯克利分校的“理解进化”（Understanding Evolution）网站、APS 新闻网站上的“月度历史”（This Month in History）专栏、“新科学家”“科学美国人”和“卫报”等网站、BBC 地球频道和 BBC 第四广播电台的《我们的时代》（*In Our Time*）系列节目。

我想特别感谢以下这些书：《趋同进化：有限形式最美》（*Convergent Evolution: Limited Forms Most Beautiful*），作者 G. R. 麦吉（G. R. McGhee）；《年轻化》（*Growing Young*）（第二版），作者 A. 蒙塔古（A. Montagu）；《地球科学：科学背后的人》（*Earth Science: The People Behind the Science*），作者 K. E. 卡伦（K. E. Cullen）；《大熊猫的拇指》（*The Panda's Thumb*），作者 S. J. 古尔德（S. J. Gould）；《时间之箭 时间周期：地质年代探索的神话与隐喻》（*Time's Arrow, Time's Cycle: Myth and Metaphor in the Discovery of Geological Time*），作者 S. J. 古尔德（S. J. Gould）；《詹姆斯·洛夫洛克：寻找盖亚》（*James Lovelock: In Search of Gaia*），作者 J. 格里宾（J. Gribbin）和 M. 格里宾（M. Gribbin）；《发现冰河时代》（*Discovering the Ice Ages*），作者 T. 克吕格尔（T. Krüger）；《乔治·居维叶，化石骨头和地质灾难》（*Georges Cuvier, Fossil Bones, and Geological Catastrophes*），作者 M. J. S. 鲁德维克（M. J. S. Rudwick）；《北极，南极：解决地球磁场大谜团的史诗级探索》（*North Pole, South Pole: The Epic Quest to Solve the Great Mystery of Earth's Magnetism*），作者 G. 特纳（G. Turner）；《发明温度：测量与科学进步》（*Inventing Temperature: Measurement and Scientific Progress*），H. 张（H. Chang）；《科学家与工程师的现代物理学》（*Modern Physics for Scientists and Engineers*）（第二版），作者 S. T. 桑顿（S. T. Thornton）和 A. 雷克斯（A. Rex）；《量子现实——理论与哲学》（*Quantum Reality · Theory and Philosophy*），作者 J. 阿尔戴（J. Allday）；《物理学与超越——相遇与对话》（*Physics and Beyond · Encounters and Conversations*），作者 W. 海森伯（W. Heisenberg）；《只有六个数字：塑造宇宙的深层力量》（*Just Six Numbers: The Deep Forces that Shape the Universe*），作者 M. 里斯（M. Rees）；《意识的本质，现实的结构》（*The Nature of Consciousness, the Structure of Reality*），作者 J. D. 惠特利（J. D. Wheatley）。

图书在版编目（CIP）数据

2页纸图解科学：以极聪明的方式，让你三步读懂科学 / (英) 科林·巴拉斯著；朱华雪译. —北京：北京联合出版公司，2020.8

ISBN 978-7-5596-4051-2

Ⅰ.①2… Ⅱ.①科… ②朱… Ⅲ.①自然科学－普及读物 Ⅳ.①N49

中国版本图书馆CIP数据核字(2020)第040309号

北京市版权局著作权合同登记号：01-2020-3951 号

Science Hacks:
First published in Great Britain in 2018 by Cassell, a division of
Octopus Publishing Group Ltd
Carmelite House, 50 Victoria Embankment
London EC4Y 0DZ

2页纸图解科学：以极聪明的方式，让你三步读懂科学

作　　者：(英) 科林·巴拉斯	译　　者：朱华雪
出 品 人：赵红仕	出版监制：辛海峰　陈　江
责任编辑：孙志文	特约编辑：陈　曦
产品经理：贾　楠	版权支持：张　婧
封面设计：人马艺术设计·储平	美术编辑：刘龄蔓

北京联合出版公司出版
（北京市西城区德外大街83号楼9层　100088）
北京联合天畅文化传播公司发行
天津光之彩印刷有限公司印刷　新华书店经销
字数 160千字　787毫米×1092毫米　1/16　13印张
2020年8月第1版　2020年8月第1次印刷
ISBN 978-7-5596-4051-2
定价：58.00元